MÉMOIRE

SUR LA CULTURE

DU PÊCHER

Extrait des Bulletins de la Société d'Agriculture du Cher

PAR

M. C.-A. DE BENGY-PUYVALLÉE

ANCIEN PRÉSIDENT DE LA SOCIÉTÉ D'AGRICULTURE DU CHER
ANCIEN DÉPUTÉ

DEUXIÈME ÉDITION

PARIS

LIBRAIRIE AGRICOLE DE LA MAISON RUSTIQUE

26, Rue Jacob

1860

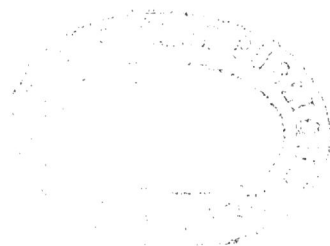

MÉMOIRE

SUR LA

CULTURE DU PÊCHER.

Bourges, Impr. et Lith. de V⁰. Jollet-Seu-hois.

MÉMOIRE

SUR

LA CULTURE DU PÊCHER.

DISCOURS PRÉLIMINAIRE

**Sur le Jardinage, et en particulier sur la culture
du Pêcher dans le département du Cher.**

MESSIEURS,

Le pied de l'homme fume la terre, dit un ancien pro-
verbe, et jamais vérité ne fut mieux que celle-ci appuyée
sur l'expérience. Dans tous les pays où les riches propriétaires résident dans leurs domaines, le sol qu'ils habitent
devient bientôt l'objet de leurs affections; les économies de
fortune que le luxe dévore si promptement dans les cités
se répandent sur cette même terre qui les a produites et
qu'elles rendent plus productive encore; dans ces contrées

1

les améliorations se multiplient, l'agriculture développe toutes ses ressources et la terre change de face ; mais s'il est vrai que la présence seule du propriétaire dans ces champs devient pour ceux-ci une source féconde de prospérité, comment méconnaître que tout ce qui peut l'attirer et le fixer dans ses foyers champêtres présente un but d'utilité réelle ? Cependant, pour remplir ce but important, les riches produits de la terre ne suffisent pas; il faut encore au cœur de l'homme des délassements, des jouissances, des plaisirs, et le sage auteur de la nature qui connaît ses besoins a mis dans la culture des champs tout ce qui peut les satisfaire.

En effet, Messieurs, l'agriculture n'est pas toujours entourée de ronces et d'épines. Si elle ne parlait jamais que de travaux pénibles, de soins assidus et gênants, de calculs sévères d'économie, elle lasserait la patience de l'homme; et comme elle attend tout de sa présence, elle emprunte, pour lui plaire, tout ce que la nature offre d'agréable et d'imposant. Dans ces riants tableaux qu'elle nous présente, dans ces dons de Flore et de Pomone qu'elle étale devant nous, un spéculateur avide peut ne voir que des faveurs frivoles. Pour nous, reconnaissons-y les vues sages de la nature qui appelle l'homme au milieu des champs, qui l'attire au travail par la jouissance. Pour elle, sans doute, le plaisir n'est qu'un moyen, mais un moyen précieux qui s'ennoblit à ses yeux, qui doit s'ennoblir aux nôtres de toute l'importance de la fin à laquelle il se rapporte.

Ces réflexions, Messieurs, vous ont déjà souvent fait regretter de voir négliger, autant qu'elles le sont dans notre département, certaines parties de l'agriculture qui unissent l'agréable à l'utile, et en première ligne, dans vos pensées comme dans vos regrets, je placerai celle des jardins. Sans doute, nous voyons, dans les environs des villes surtout, prospérer cette culture des gros légumes, aussi facile qu'elle est productive ; mais si nous voulons sortir du cercle étroit qu'elle nous présente , si nous désirons joindre aux produits de nécessité ceux d'agrément, alors les ressources diminuent ; elles deviennent plus rares pour celui qui demande un jardinier fleuriste ; elles sont presque nulles pour la taille des arbres. Frappés de la pénurie qu'offre à cet égard le département , vous vous êtes demandé plus d'une fois, dans vos séances, comment vous pourriez remplir cette lacune fâcheuse.

Deux moyens se sont présentés à votre esprit : le premier consisterait à envoyer à Fromont, ou dans tout autre endroit des environs de Paris, un ou plusieurs jeunes gens dont vous paieriez l'éducation jardinière. Ces jeunes gens, formés sous des maîtres instruits , reviendraient ensuite propager dans le département les saines doctrines de culture qu'ils auraient puisées à des sources pures ; mais ce moyen vous a présenté pour inconvénient la lenteur des résultats et l'incertitude du retour des jeunes gens qui, trouvant dans les environs de Paris des placements plus faciles et plus avantageux, iraient porter ailleurs le fruit des dépenses que vous auriez faites pour leur instruction.

Le second moyen, plus expéditif que le premier, consisterait à faire venir à Bourges, et à y fixer par un établissement lucratif, un jardinier habile qui pourrait de suite y former un grand nombre d'élèves. Cet autre moyen vous a paru plus difficile dans son exécution, parce que les ouvriers instruits sont rarement dans le cas de s'expatrier.

Ces deux moyens d'ailleurs sont nécessairement subordonnés à une dépense que vous avez jugée inconciliable avec les faibles ressources pécuniaires allouées à notre Société. Vous avez donc renoncé à des projets qui vous avaient flattés; mais, en les ajournant, vous avez conservé les regrets qui les avaient fait naître.

Dans cet état de choses, j'ai pensé que vous regarderiez comme utiles tous les renseignements qui pourraient préparer les voies à la vérité et éclaircir d'avance des questions intéressantes qui restent encore parmi nous couvertes d'un voile épais. Parmi ces objets divers, je choisis aujourd'hui la culture du pêcher, qui m'a paru fixer particulièrement votre sollicitude et vos regrets.

Le pêcher est, sans contredit, la plus belle production de nos jardins : son bois coloré de pourpre et d'un vert tendre; sa fleur, un des plus beaux ornements du printemps; son feuillage qui contraste si agréablement avec l'éclat de ses fruits; ses fruits surtout, dont la couleur brillante, le parfum délicieux et le suc exquis charment tout à la fois la vue, l'odorat et le goût; tout dans cet arbre admirable attire l'attention et les soins du propriétaire, tout éveille les désirs du consommateur. Doué, plus qu'aucun des arbres de nos vergers, d'un principe de vie étonnant, il se reproduit avec une prodigieuse fécondité sous la serpe du jardinier; sa culture, qui est une jouissance continuelle, est à la portée de tous; elle rentre dans le domaine de la petite propriété autant au moins que dans celui des propriétaires riches. Comme objet de spéculation, elle offre un débit assuré, et quoique nous ne soyons plus au temps des *Girardot*, où un petit enclos suffisait pour faire une fortune considérable, les spéculateurs peuvent se convaincre de la certitude du succès en remarquant que les pêches se vendent aussi cher, et souvent plus cher qu'à Paris même (1).

Avec tant d'avantages certains, on se demande comment il se fait que la culture du pêcher soit aussi négligée qu'elle l'est parmi nous. Non seulement elle n'est l'objet d'aucune spéculation dans les environs des villes, mais, parmi le grand nombre de propriétaires qui habitent leurs campagnes, qui même soignent ou au moins surveillent avec plaisir la culture de leurs jardins, il en est très-peu qui donnent à celle du pêcher une attention suivie, et presque partout nous ne voyons sur les espaliers que des arbres écourtés, dégarnis, couverts de chancres et de plaies, et dont la végétation appauvrie offre, dès les premières années, toute la décrépitude d'une vieillesse anticipée, tristes avortons où la nature méconnaît le beau présent qu'elle

(1) Girardot vivait sous Louis XIV. C'était un ancien mousquetaire, chevalier de Saint-Louis, qui, s'étant retiré du service, se fixa dans un très-petit bien qu'il possédait à Bagnolet, village situé près de Montreuil, à deux lieues de Paris. Là il se livra, avec un soin et une intelligence remarquables, à la culture des arbres fruitiers en espalier, culture qui était alors nouvelle en France. Son enclos, qui ne comprenait pas plus de quatre arpens, lui produisait annuellement 12,000 livres de rente. Une année, où les pêches avaient manqué partout, excepté dans son jardin, il en vendit, pour une fête donnée par la ville de Paris, trois mille sur le pied de 3 francs pièce. Il a vendu plusieurs fois des cerises un franc la pièce.

nous a fait. Mais, pendant que nous nous plaignons de la courte durée de la vie du pêcher, on en voit dans les environs de Paris qui, à 80 ans, présentent encore, dans leurs branches, dans leur feuillage et dans l'abondance de leurs fruits, toute la vigueur du premier âge; pendant que nous les plantons encore à 10 et 12 pieds de distance, nous en voyons ailleurs qui garnissent une étendue de 30 et 40 pieds; pendant enfin que nous déplorons amèrement l'extrême difficulté de la taille du pêcher, et que nous le regardons comme l'arbre le plus rebelle aux efforts de la science, nous entendons les jardiniers de la nouvelle école nous assurer qu'après la vigne, le pêcher est, de tous les arbres, le plus facile à diriger; et comme cette assertion repose sur des faits dont chacun peut se convaincre, il est évident que notre ignorance seule est la cause du peu de succès que nous obtenons, comme le défaut de succès devient à son tour la cause de l'insouciance que nous portons à une culture singulièrement favorisée dans notre département par la nature du sol et la température de l'air. C'est donc, je crois, rendre service aux propriétaires et aux jardiniers du département, de leur dévoiler ce qui n'est plus un secret que pour ceux qui ne veulent pas s'en occuper, et de donner, dans un résumé de nos connaissances actuelles sur la culture du pêcher, le détail des procédés employés aujourd'hui avec tant de succès dans les environs de Paris.

Je sais toute l'insuffisance de la théorie en matière de taille; mais les tristes résultats obtenus par nos praticiens prouvent évidemment que ce sont les bonnes théories qui leur manquent, et que les éclairer à cet égard c'est, comme je viens de le dire, leur rendre un important service. Tel est le but de ce mémoire.

'Dans les différentes matières que j'aurai à traiter, la plus essentielle sans doute, et la plus difficile, est celle de la taille; et comme les explications de théorie entraînent des longueurs qu'il est important de ne pas compliquer par des observations accessoires et cependant nécessaires, je vais commencer par un coup-d'œil historique et raisonné sur la marche et les progrès de cet art ingénieux. Les auteurs et praticiens qui s'en sont occupés ont beaucoup varié dans les formes et les procédés qu'ils ont suivis; mais, parmi cette diversité d'opinions, il est certains points essentiels et caractéristiques qui, à mon avis, les partagent en trois grandes divisions ou écoles particulières. Ce sont les principes, les erreurs, les succès, et en général le système de chacune de ces trois écoles que je vais examiner successivement.

Coup-d'œil historique et raisonné sur la marche et les progrès de l'art de la taille.

Si le pêcher, dit Duhamel, *n'est pas originaire de notre pays, il y est si bien naturalisé qu'il ne conserve d'exotique que son nom de Persica.* Nous ajouterons qu'il a acquis parmi nous, et par suite d'une culture prolongée, des qualités qui sont propres au doux climat de la France. Ce n'est en effet que dans la température où nous nous trouvons que la pêche offre cette chair fine et fondante qui en fait le mérite. Dans le midi de l'Europe, où la chaleur du soleil donne aux fruits des sucs plus concentrés et un arôme plus prononcé, cette même chaleur dessécherait nos espèces délicates, et en rendrait la chair amère et pâteuse. Aussi voit-on en Italie, et même déjà dans le midi de la France, beaucoup de pavies qui d'ailleurs sont excellents, mais non de ces pêches à chair fondante et succulente qui sont l'heureux partage du centre et du nord de la France.

Mais si la pêche est devenue un fruit indigène dans nos contrées, elle n'a pas toujours présenté les qualités précieuses qui lui assurent le premier rang parmi nos meilleurs fruits. C'est à la culture en espalier qu'elle les doit, et cette culture n'a pas toujours existé. Laquintinie, qui vivait sous Louis XIV, assure que de son temps elle était très-récente, et jusqu'à cette époque on ne connaissait en pêches que ce que nous appelons encore aujourd'hui *pêches de vignes*. L'expérience ayant appris combien, sur un mur bien exposé, ce fruit acquérait de beauté, combien ses produits annuels étaient plus faciles à préserver des contrariétés fâcheuses de nos printemps, chacun s'empressa d'adopter cette culture nouvelle ; mais on débuta par des erreurs, et ces erreurs se sont tellement perpétuées jusqu'à nous que leur histoire paraît être celle de tous nos jardins d'aujourd'hui.

D'abord on planta les arbres très-près les uns des autres ; et comme, d'un autre côté, les murs d'espalier n'ont pas ordinairement une grande élévation, le pêcher se trouva, dès les premiers pas, condamné à n'occuper qu'un

espace très-circonscrit. Les conséquences que cette première faute eut sur la taille sont faciles à concevoir. Pour
ne pas faire croiser les branches d'un pêcher sur celles
de ses voisins, pour ne pas laisser les branches du haut
s'élever au-dessus du mur, on fut obligé de tailler court.
La sève trop concentrée se fit bientôt jour de toutes parts
et couvrit les arbres de branches gourmandes qui, absor-
bant les ressources du pêcher, firent périr les branches
sur lesquelles on avait établi la charpente de l'arbre.
L'apparition des gourmands prouvait la nécessité d'allonger la taille; au lieu de combattre le mal dans sa cause,
on s'attacha aux effets, et l'on proscrivit tous les gourmands; nouvelle faute qui fut aggravée encore par des
pincements multipliés faits sans discernement. La sève,
retenue dans son cours naturel et ordinaire par une taille
trop courte, retenue dans son cours extraordinaire par la
suppression des gourmands, et en définitive ne trouvant
plus d'issue, s'engorgea dans ses conduits, s'extravasa et
forma de tous côtés des dépôts de gomme, des chancres,
et les arbres périrent bientôt, laissant les jardiniers per-
suadés que le pêcher était un arbre de très-courte durée.
Autant aurait valu se plaindre de ce qu'un cheval se cabre
et devient rétif lorsqu'on le retient de la bride en même
temps qu'on le presse de l'éperon.

A ces premières erreurs s'en joignirent deux autres,
dont les conséquences furent aussi fâcheuses.

La première tient à la forme que l'on donna d'abord
aux arbres d'espalier. Cette forme, adoptée par Laquintinie, et suivie long-temps par ses imitateurs, fut celle d'un
éventail dont toutes les branches sont comme les rayons

d'un cercle qui partent d'un centre commun. (Planche I, figure 1re). La sève, dans les arbres, va toujours de bas en haut, et avec cette tendance perpétuelle qu'elle a à monter, on conçoit qu'elle doit se porter, toujours de préférence, vers les branches qui ont une direction verticale, et par conséquent négliger celles dont la direction inclinée vers la terre contrarie son mouvement naturel d'ascension. Il devait donc arriver et il arriva en effet que les arbres se dégarnirent promptement du bas sans moyens d'y rappeler la vie ; et d'un autre côté que la hauteur du mur n'étant pas suffisante pour contenir toute la végétation de l'arbre, il fallut, ou bien laisser les branches dépasser les chaperons de ces murs, c'est-à-dire renoncer aux avantages des espaliers, ou bien rapprocher, ravaler, écourter continuellement de malheureux arbres dont la vigueur était devenue un fléau pour les jardiniers. Cette forme était tellement défectueuse, qu'elle a été plus promptement abandonnée que les autres erreurs que j'ai signalées, et surtout que celle dont il me reste à parler, et qui existe aujourd'hui dans toute sa force parmi les jardiniers de notre département et de bien d'autres contrées sans doute.

Les branches du pêcher ne donnent du fruit qu'une seule fois, et l'année suivante on ne peut obtenir de pêches que sur les rameaux qui ont poussé pendant le cours de l'année précédente. Pour empêcher la sève de se porter aux extrémités de l'arbre, et pour la concentrer dans l'intérieur, il faudrait donc que les bourgeons nouveaux qui naissent tous les ans, et qui doivent remplacer les rameaux qui ont donné du fruit, que ces rameaux, dis-je, vinssent à la naissance des branches, et non à leur extrémité. Cette condition indispensable doit être remplie ou par la nature ou par l'art.

Quant à la nature elle y résiste formellement. La sève, se portant toujours de préférence au bout des branches, y développe constamment les nouveaux bourgeons qu'elle fait naître, et sa marche à cet égard est invariable, à moins qu'elle ne soit contrariée par les opérations de l'art. Ainsi, par sa nature, le pêcher tend à se dégarnir du centre : c'est donc à la taille à remédier à cet inconvénient grave. En effet, si vous taillez court une branche à fruit, la sève concentrée dans un court espace y développera tous les yeux qu'elle rencontrera. Ceux qui sont à la naissance de cette branche vous donneront des bourgeons qui remplaceront sans perte de terrain la branche qui a produit du fruit; la sève restera concentrée dans l'intérieur de l'arbre. C'est là tout l'art du *remplacement* si essentiel dans le gouvernement du pêcher en espalier.

Revenons maintenant à l'école de Laquintinie. Cette école taillait les branches à fruit très-long. Il en résultait que les branches de remplacement venaient très-loin du point d'insertion de la branche à fruit. L'année suivante, une seconde taille allongée éloignait encore davantage la sève de ce point d'insertion. Une troisième, une quatrième, plusieurs tailles du même genre aggravaient successivement le mal; et *c'est ainsi*, dit **M.** le comte Lelieur, dans son excellent ouvrage de la Pomone française, *que nous voyons dans beaucoup de jardins des pêchers dont la vie semble s'être réfugiée à l'extrémité des branches, par où on croirait qu'elle va s'échapper.* Ce que **M.** le comte Lelieur voyait autour de lui, nous le voyons dans presque tous nos jardins, et nous sommes forcés de reconnaître qu'une méthode, pour être vicieuse, n'en dure pas moins longtemps.

En résumé, une plantation trop rapprochée, une forme vicieuse dans la charpente de l'arbre, une taille trop courte des branches à bois, trop longue des branches à fruit, la suppression totale des gourmands, et un pincement trop multiplié, tels furent les défauts des premiers jardiniers qui s'essayèrent sur la taille du pêcher. On voit que presque tous ces défauts découlent d'un même principe vicieux, ou plutôt tendent au même but, celui de gêner la sève dans son développement; c'est à proprement parler le caractère distinctif de la première école en fait de taille; et quoique ce vice essentiel se soit, par l'empire de la routine, conservé jusqu'à nos jours, ses inconvénients sont tellement sensibles que, parmi les disciples de La-quintinie, beaucoup essayèrent, au moins sur quelques points, d'améliorer l'usage généralement adopté. Les frères François et Philippe, de l'ordre des Chartreux, Decombes, un des meilleurs praticiens de son temps, et plusieurs autres indiquèrent des perfectionnements réels. Les uns entrevirent l'utilité des gourmands; les autres adoptèrent une taille plus raisonnable des branches à fruit; presque tous espacèrent davantage les arbres dans leurs plantations. Mais toutes ces améliorations n'étaient encore que partielles, et les caractères qui distinguent la seconde époque de la taille ne se prononcèrent aux yeux du public que lorsqu'il put lire les savants ouvrages de Roger Schabol. Je suis obligé d'entrer ici dans quelques détails historiques.

Roger Schabol s'était, dès sa plus tendre enfance, occupé du jardinage. Il en fit, jusqu'à la fin de sa vie, l'objet d'une étude approfondie. Non content de connaître les
phénomènes extérieurs de la végétation, il voulut en rechercher les causes; il étudia les arbres en anatomiste;
traita leurs maladies en médecin et en chirurgien; les ca-
taplasmes, les bandages, la saignée, les cautères, la diète
même furent par lui appliqués avec succès à la guérison
des maladies des végétaux.

Mais ce n'était pas par ces découvertes, plus curieuses
en théorie que réellement utiles dans la pratique, que Roger Schabol devait rendre d'importants services au public.
Avec des connaissances si étendues, et après 28 ans de la
pratique la plus opiniâtre, il n'avait pas encore fait faire
un seul pas à la science de la taille, et ses arbres, plus
soignés sans doute que ceux de ses voisins, n'étaient encore dirigés que d'après les mêmes principes. Lui-même
nous apprend comment il fut enfin tiré des erreurs de la
routine qu'il avait si longtemps suivie. Un de ses voisins,
auquel probablement il montrait avec complaisance ses
arbres d'espalier, lui dit assez brusquement : *Vous croyez
savoir beaucoup, et vous vous trompez ; allez voir ces
manans de Montreuil, et vous conviendrez que vous n'êtes
qu'un ignorant.* Roger Schabol n'avait jamais entendu
parler de Montreuil ; il s'y rendit. Quel fut son étonne-
ment et sa satisfaction de trouver là la science toute faite,
et toute faite, depuis près d'un siècle, par de simples villa-
geois! Les nouveaux procédés qu'il apprit à connaître lui
parurent conformes aux principes de la plus saine physique. Il s'empressa de les mettre en pratique, et quand son

2

expérience personnelle lui eut confirmé des vérités dont il voyait de si heureux résultats, il s'occupa de révéler au public les avantages d'une méthode dont le secret, connu et dédaigné par Laquintinie, était resté confiné dans un village et ignoré du monde savant et agricole.

D'après les détails que j'ai donnés sur la méthode de Laquintinie, celle de Montreuil sera facile à expliquer. En effet, l'une est à peu près le contre-pied de l'autre.

Ainsi toutes les opérations de la première avaient pour principe de concentrer, de gêner, de contrarier le développement de la sève ; la seconde se proposa, au contraire, d'aider à ce développement et de lui donner essor par tous les moyens possibles.

Suivant Laquintinié, il fallait planter à dix ou douze pieds. Suivant Montreuil, il fallut planter à trente pieds au moins; et on conçoit que cette première précaution est indispensable pour une méthode qui, dans un terrain favorable, donne des arbres de quarante à cinquante pieds d'étendue.

Suivant Laquintinie, on pinçait et repinçait presque tous les bourgeons; Montreuil interdit entièrement le pincement.

Laquintinie taillait les branches à bois très-court et les branches à fruit très-long; Montreuil prescrivit positivement tout le contraire.

Suivant Laquintinie, enfin, la forme des arbres offrait des branches perpendiculaires au tronc, et cette perpendicularité était, comme nous l'avons vu, la cause de la ruine de tout l'édifice. Montreuil coupa le canal direct de la sève: au lieu de suivre la forme d'un éventail, il donna

pour base à son arbre un V ouvert (planche I, figure 2),
et des deux branches de ce V (EM et RM) qui forment
les branches mères de l'arbre, sortirent, à des distances
régulières, des branches secondaires, tantôt horizontales
en dehors du V (A B C D), et tantôt montant verticalement en dedans (I H G F). Avec cette distribution des
branches de charpente, et pendant la formation de l'arbre,
les Montreuillois taillent les branches à bois très-long, et
la sève, trouvant des issues suffisantes, ne s'emporte pas
en gourmands. Cependant la méthode de Montreuil n'en est
pas exempte, parce que leur apparition ne tient pas uniquement à une taille trop courte. Tous les changements de direction imposés à la sève, et plusieurs autres causes encore
peuvent leur donner naissance, et n'y eût-il que la suppression du canal direct de la sève, leur présence ne devrait
pas étonner dans le système de Montreuil; mais les Montreuillois, loin de les proscrire tous, comme faisait Laquintinie, les utilisent presque toujours, soit pour remplir
un vide, soit pour les convertir en branches fruitières; et
enfin, lorsqu'à raison de leur position ils sont obligés de
les supprimer, ils les ravalent progressivement, donnent à
la sève le temps de se créer une autre issue, et par cette
précaution indispensable, ils évitent les secousses violentes qui portent le désordre dans la végétation et oc-
casionnent les chancres, les plaies, et l'affaiblissement
général de l'arbre.

Ainsi, donner aux arbres le plus d'étendue possible,
utiliser les gourmands ou ne les supprimer que graduellement, ne jamais pincer, et tailler court les branches à
fruit pour obtenir des branches de remplacement, telles

furent, en résumé, les bases du système de Montreuil, et l'on voit que ces bases sont, comme je l'ai dit, diamétralement opposées à celles du système de Laquintinie.

Aussitôt que Roger Schabol eut révélé l'existence des ingénieux cultivateurs de ce village, chacun, à Paris, s'empressa d'aller voir leurs beaux arbres et leurs riches produits, et chez les particuliers riches comme chez tous les hommes sensés, l'ancienne méthode fit place à la nouvelle. Mais tous les essais ne furent pas également heureux; les arbres n'usèrent pas toujours sagement de la liberté qu'on leur accorda, à l'exemple de Montreuil; les uns s'échappèrent en gourmands; d'autres, mécontents du terrain ou des jardiniers, se maintinrent dans des limites bien éloignées de celles des espaliers de Montreuil; la sève s'emporta avec violence dans les branches verticales; le plus grand nombre enfin se dégarnit promptement du bas. On chercha donc encore des perfectionnements.

J'arrive ici à la troisième époque de la taille, celle des jardiniers de nos jours, qui me paraissent faire une école à part (1).

---

(1) On a conservé, et l'on cite encore justement avec éloge les noms des anciens cultivateurs de Montreuil, des Pépin, des Boudin, des Debeauce et autres, qui les premiers ont porté la lumière dans le dédale de la taille, si obscur sous Laquintinie. Par la même raison, c'est, je crois, un devoir de signaler à la reconnaissance publique les noms des hommes industrieux qui, dans ces derniers temps, ont perfectionné, simplifié la science, et ajouté par là à nos jouissances de culture, comme à celles de la consommation. Si nous ne les connaissons pas tous, nous citerons au moins MM. *Dumoutier,* ancien jardinier en chef des écoles d'agriculture au Jardin du Roi; *Poiteau,* ancien jardinier en chef des pépinières royales

Les caractères particuliers qui la distinguent me semblent tenir à deux points très-importants.

de Versailles, et, depuis quelques années, principal rédacteur de l'Almanach du Bon-Jardinier ; *Corbie, Brassin, Ecoffay, Gabriel,* les frères *Souchet.*

A ces noms nous ajouterons encore celui de *M. le comte Lelieur de Ville-sur-Arc,* qui, dans son ouvrage de la *Pomone française,* imprimé en 1816, a fait le premier connaître au public les procédés nouveaux comme les succès des habiles jardiniers que je viens de nommer, et qui, devenu leur interprète, a fait pour l'école nouvelle ce que Roger Schabol avait fait pour l'école de Montreuil. Son ouvrage laisse malheureusement deux motifs de regrets : le premier, c'est que l'édition en est épuisée et qu'on n'en fait pas une nouvelle ; le second, c'est que l'auteur qui, par le titre de son ouvrage, annonçait devoir traiter de tous les arbres dont Pomone enrichit nos jardins, s'est arrêté au milieu de la tâche qu'il s'était imposée. Heureusement le pêcher se trouve, avec la vigne, dans le premier et le seul volume qu'il ait fait imprimer.

Parmi les horticulteurs de l'école nouvelle qui ont des droits à la la reconnaissance publique, on doit particulièrement distinguer M. *Dalbret,* successeur de M. Dumoutier. Dans un ouvrage en un volume in-8°, ayant pour titre : *Cours théorique et pratique de la taille des arbres fruitiers,* il a consigné les leçons qu'il donne au Jardin du Roi, où la taille des arbres est confiée à ses soins. Les propriétaires et jardiniers qui désireront s'initier parfaitement aux secrets de la taille, non seulement pour les arbres à fruits à noyau, mais encore pour ceux à pépin, doivent se procurer ce petit ouvrage tout substantiel, et où l'on sent tout le mérite d'une pratique éclairée par l'étude. On y trouvera surtout un avantage très-rare dans des ouvrages de ce genre, ce sont des planches dessinées et gravées avec le plus grand soin par l'auteur lui-même. Je crois que l'examen de sa 3me planche faite avec attention est une des meilleures leçons qu'on puisse prendre sur l'art si embrouillé dans d'autres livres de tailler les branches à fruit. Le peu de pages qu'il a consacrées à la taille des arbres pyramidaux est un véritable traité qui me paraît bien supérieur à tout ce que j'ai vu sur cette matière.

2*

Le premier, c'est l'ordre qu'elle observe dans la formation successive des branches secondaires.

Le second consiste dans les procédés qu'elle emploie pour maîtriser et diriger à volonté l'action de la sève sans nuire au parfait développement de l'arbre.

Commençons par le premier point.

Montreuil, avons-nous dit, forme ses arbres sur deux branches mères disposées en V ouvert, R M, E M (pl. I, fig. 2); sur chacune de ces deux branches il tire alternativement des branches secondaires chargées de porter les branches couronnes sur lesquelles, tous les ans, sont taillées les branches à fruit. De ces branches secondaires, les unes placées en dehors du V, sont dirigées horizontalement, A B C D; les autres, placées en dedans, sont dirigées verticalement, F G H I; il est évident qu'à raison de la direction naturelle et toujours ascendante de la sève, les branches horizontales ont moins de facilité à se développer que les branches verticales. Or, Montreuil forme alternativement une branche horizontale et une branche verticale. C'est ainsi que l'enseigne Roger Schabol, que l'enseigne Butret, que l'enseignent enfin tous les disciples de Montreuil. Il devait donc presque toujours arriver que les branches montantes attirant toute la sève, l'arbre se dégarnirait du bas; c'est un des grands reproches faits dans ces derniers temps à la méthode de Montreuil. Il est vrai que, pour y remédier, plusieurs auteurs, et Butret le premier, recommandent d'incliner les branches montantes sur la branche mère; mais le peu d'espace qui existe entre cette branche mère et les branches secondaires rend le remède bien insuffisant; il faut donc en revenir à rapprocher, ravaler, écourter les branches du haut, triste ressource dont usait Laquintinie; et les jardiniers de nos jours me semblent beaucoup plus sages que leurs devanciers, en commençant tous par former la totalité des branches inférieures ou horizontales de leurs arbres avant d'arriver aux branches supérieures ou verticales. De cette manière la sève s'est tracée elle-même de larges conduits vers les branches inférieures, et ces conduits sont pour elle autant de saignées qui contre-balancent son mouvement d'ascension, lorsque, plus tard, le jardinier arrive à la formation des branches supérieures. Ce mode de procéder est une innovation précieuse propre aux jardiniers de l'école actuelle, et l'on peut apprécier ses heureux résultats, surtout dans la forme adoptée par M. Dumoutier (pl. I, fig. 3), qui, dirigeant ses branches à peu près en éventail comme le faisait Laquintinie, n'eût certainement jamais obtenu des branches inférieures de 21 pieds de longueur de chaque côté A et H, s'il eût, comme Laquintinie et Montreuil, formé ses branches verticales et supérieures D et E en même temps que ses branches horizontales et inférieures.

Passons aux moyens employés par l'école nouvelle pour maîtriser le cours de la sève.

Cette école est partie de deux principes incontestables, et dont l'expérience lui a pleinement confirmé la certitude :

Le premier, c'est que la sève peut, sans inconvénient pour l'arbre, être dans sa marche arrêtée sur un ou plusieurs points, lorsqu'à côté de ces points on lui laisse une issue suffisante pour absorber et son abondance et son énergie d'action.

Le second, qu'il est beaucoup plus avantageux pour ces arbres de prévenir la naissance de branches inutiles, qu'il faut supprimer plus tard, que d'être obligé d'en venir à la suppression de ces branches.

Avec une pareille théorie, les gourmands devaient avoir tort, et effectivement l'école nouvelle les a fait disparaître, non pas comme l'école de Laquintinie ou même celle de Montreuil, avec la serpette, mais en prévenant leur naissance.

En effet, que faisait l'école de Montreuil? elle supprimait par des rapprochements successifs les gourmands inutiles *qu'elle laissait venir*. Mais, dit ici l'école nouvelle, en supposant même que la suppression graduelle du gourmand n'entraîne aucune secousse, aucune perturbation dans la marche de la sève, il reste toujours certain que cette sève, qui a nourri le gourmand, était destinée à l'alimentation des branches de l'arbre, et cette substance, quand le gourmand est coupé, se trouve perdue pour l'arbre en pure perte. D'ailleurs, ajoute-t-elle encore, la suppression du gourmand n'est pas la suppression de la cause qui l'a produit; or, cette cause restant, elle produira constamment de nouveaux gourmands, et leur suppression continuelle sera une cause continuelle d'appauvrissement pour l'arbre.

En vain Roger Schabol, ou, ce qui est la même chose, l'école de Montreuil, nous dit que les gourmands indiquent un vice dans les conduits de la sève, le dépérissement d'une branche qu'ils sont chargés de remplacer; qu'il

faut donc supprimer la branche languissante et mettre le
gourmand à sa place.

L'école nouvelle répond, avec toute raison, d'abord
que, dans les arbres jeunes dont la formation n'est pas
terminée, la présence des gourmands ne peut avoir pour
cause le dépérissement en question ; que, bien loin de là,
ce sont les gourmands qui font dépérir les branches sur
lesquelles ils se trouvent ; que par conséquent, à cet âge
de l'arbre, ils sont la cause du mal et n'en sont pas l'effet.
Par une conséquence toute naturelle, elle ajoute qu'à
toutes les époques de la vie du pêcher (hors sa caducité),
si on forçait habituellement la sève à suivre, dans la charpente de l'arbre, la direction que la forme adoptée lui
trace, toutes les branches de cette charpente seraient
pleines de vie, parce que la substance du gourmand aurait passé dans ces branches, et qu'alors on n'aurait besoin
de supprimer ni branche usée, ni gourmand. Or, que l'on
supprime l'un ou l'autre, l'école nouvelle y voit une perte
de substance qui affaiblit les arbres.

Du reste, les jardiniers modernes conviennent avec
ceux de Montreuil :

1º. Que lorsque, par ignorance ou négligence, on a
laissé venir un gourmand, il est sage de le substituer à
une branche usée, ou, si sa présence est inutile, qu'il convient de ne le pas supprimer par un seul coup de serpette,
mais bien par des rapprochements successifs, afin de ne
pas troubler la végétation par une secousse violente ;

2º. Que lorsque, dans la vieillesse de l'arbre, des
branches de charpente dépérissent, il est utile et même
nécessaire, non seulement d'accueillir tous les gourmands

dont la nature peut favoriser le jardinier, mais encore de provoquer, par des rapprochements sévères, la naissance de ces nouvelles branches qui, offrant de nouveaux conduits à la sève, donnent le seul moyen de renouveler les arbres usés par l'âge. Mais, dans la culture, la vieillesse de l'arbre et l'ignorance du jardinier sont des exceptions, et hors ces deux cas, c'est-à-dire pendant la très-longue durée du pêcher, l'école nouvelle maintient que l'apparition des gourmands est un défaut grave, et qu'elle a été une véritable tache pour l'école de Montreuil comme pour celle de Laquintinie.

Le moyen d'éviter ce défaut, ou, pour mieux dire, le moyen assuré de diriger la sève dans tous les sens à volonté, sans arrêter sa marche, sans donner lieu aux ravages de la gomme, et sans nuire en aucune manière au grand développement qu'il convient de laisser prendre aux arbres, ce moyen étranger à l'école de Montreuil et propre à nos jardiniers modernes, est à mon avis un titre de gloire pour eux et le principal caractère distinctif de cette école nouvelle.

Ce moyen consiste essentiellement dans le pincement, et l'importance de ce procédé, si funeste à l'école de Laquintinie et si sévèrement proscrit par celle de Montreuil, mérite les détails dans lesquels nous allons entrer.

Roger Schabol s'exprime ainsi sur le pincement : *Il est en usage universellement dans le jardinage*, dit-il, *excepté à Montreuil et chez toutes les personnes qui font usage de leur raison.*

Comme on a trouvé ce pincement établi et pratiqué dans le jardinage, on a imaginé qu'il ne pouvait être que bon

*sans examen ; cependant il est la ruine des arbres. Tout
ce que disent les partisans de cette opération meurtrière
des arbres pour la justifier n'est qu'un pur radotage en-
fanté par l'ignorance.*

L'arrêt, comme on le voit, est formel, et il est d'autant
plus sévère, qu'il se rencontre sous la plume d'un écrivain
qui joignait à une pratique de toute sa vie l'étude approfondie du mécanisme de la végétation et de la marche de
la sève dans les arbres. Si l'on ajoute à ce jugement de
Roger Schabol l'opinion de tous les cultivateurs de Montreuil, qui attribuaient en grande partie au pincement les
plaies et les chancres du pêcher; si l'on y ajoute enfin le
discrédit où cette opération avait contribué à mettre l'école
de Laquintinie, on concevra qu'il fallait quelque courage
pour tenter l'usage du pincement et des raisonnements
justes comme des succès brillants pour proclamer son
utilité en présence de Montreuil. Rien de tout cela n'a
manqué à nos habiles jardiniers.

Commençons, pour notre instruction, par leurs raisonnements.

D'abord, le bon Roger Schabol n'a pas du leur paraître
aussi sûr de son fait que l'annonce le ton tranchant de sa
décision. Dans le même ouvrage, et presque à la même
page, il avoue qu'il est des cas où l'on peut pincer sans
inconvénient, où même, dit-il, *il est nécessaire de le faire;*
et là-dessus il cite des cas propres aux arbres en buisson,
propres aux arbres en espalier; il cite des fleurs telles que
les giroflées quand on veut les faire évaser et les empêcher de s'étioler. Voilà bien des exceptions; et il a beau
ajouter que, *hors ces cas, c'est un crime énorme de pincer,*

il n'en reste pas moins démontré, d'après son propre avis, que le pincement n'est pas en lui-même et de son essence une opération contraire à la nature des arbres, et qu'il est un choix de circonstances et d'époques où il peut être employé utilement, où même *il devient nécessaire.* Voilà déjà un grand pas de fait.

Mais, disent les jardiniers de Montreuil, nous parlons ici d'exceptions, et vos principes font de votre pincement une règle générale, un usage habituel; or l'expérience a prouvé qu'un tel pincement a perdu l'école de Laquintinie, parce qu'il a toujours été pour ses arbres la principale cause des chancres et des ulcères. Le pincement, répondent nos jardiniers modernes, est comme les remèdes de la médecine, qui tous sont bons, qui tous sont mauvais, suivant l'usage et l'application qu'on en fait. Nous pinçons comme Laquintinie, il est vrai, mais entre lui et nous voici la différence : quand Laquintinie pinçait, il taillait court. Pour nous, non seulement nous allongeons notre taille, mais encore nous conservons sur la branche des points où nous laissons la végétation parfaitement libre. Laquintinie comprimait la sève dans ses conduits par sa taille rapprochée, et quand elle cherchait à s'échapper sur les côtés de la branche, il la refoulait de nouveau par le pincement. Privée de ses issues, elle s'engorgeait et formait des dépôts de gomme, cela se conçoit. Pour nous, nous commençons par préparer à la sève, dans une taille allongée, toute la place qu'elle peut remplir et vivifier; et lorsque, par l'effet de l'inclinaison des branches ou de tout autre cause, elle se présente en trop grande abondance sur un point, nous la pinçons, il est vrai, et nul doute que ce pincement ne la refoule dans l'intérieur de la branche ; mais là elle trouve son cours tout tracé, sa place toute prête dans des bourgeons de prolongement que nous ne pinçons jamais. C'est une masse d'eau qui, détournée d'abord de son cours naturel, est rejetée dans le fleuve dont elle avait été séparée un moment. Si le fleuve lui-même a une pente suffisante et un écoulement facile, il n'y aura ni stagnation d'eau, ni exhalaisons malfaisantes sur ses bords; et de même si la sève trouve dans une branche allongée des issues suffisantes, elle entraînera avec elle dans son cours la masse que le pincement n'a fait que lui restituer; il n'y aura donc ni engorgement, ni dépôt de gomme. Ce n'est donc pas, ajoutent nos jardiniers, parce que le pincement est contraire à la marche de la nature, qu'il faut le rejeter.

La taille est une contrariété perpétuelle pour les arbres ; la suppression du canal direct de la sève est une autre contrariété qu'on leur impose dès l'année de leur plantation, et qu'on renouvelle tous les ans dans la disposition de l'inclinaison des branches nouvelles. Cependant et la taille et la suppression du canal direct sont des opérations usitées à Montreuil. La gêne momentanée et partielle que la sève éprouve par le pincement n'est donc pas une cause de destruction pour les arbres, quoique c'en fût une dans le système de Laquintinie, parce que la sève éprouvait une gêne universelle et constante, et qu'ici, au contraire, elle trouve des issues suffisantes. Telles sont les bases du système de l'école moderne.

Il restait à appuyer ces raisonnements par des faits positifs, et c'est ici, il faut l'avouer, la partie brillante de

3

cette école nouvelle. Mais ses succès présentent un caractère particulier qu'il est bon de remarquer, parce qu'il démontre la certitude de ses principes et de l'empire qu'elle s'est acquise par le pincement sur tous les caprices de la sève.

Laquintinie avait adopté une forme d'arbre en éventail; Montreuil, son V ouvert. De ces deux formes, l'une était défectueuse, l'autre était bonne. Toutes les deux sont restées attachées à leur école respective, comme un de ses caractères distinctifs. Mais il n'en est pas de même pour l'école nouvelle. Du moment où le pincement a permis aux jardiniers modernes de s'affranchir pour toujours des gourmands, d'écarter la sève des points où elle leur déplaît, et de la faire arriver aux points où ils la désirent, il est évident qu'ils ont eu en main un moyen puissant de varier sans danger la forme de leurs arbres. Cette forme, hors de laquelle, suivant Montreuil, il n'y avait pas de salut, a donc dû perdre beaucoup, à leurs yeux, de son utilité et de son importance. Aussi ces hommes habiles se sont-ils donné libre carrière, et, comme s'ils eussent voulu se jouer des écoles qui les ont précédés, les uns ont pris la forme de Montreuil, d'autres celle de Laquintinie; d'autres des formes plus anciennes encore, ou tout-à-fait nouvelles, et toujours avec un succès constant.

Ainsi, M. Dalbret s'est servi du V ouvert de Montreuil, mais il en a évité les inconvénients, simplifié la marche, assuré les avantages, et il a traité cette forme ancienne avec une supériorité qui la rend toute nouvelle entre ses mains.

M. Dumoutier, son prédécesseur, a choisi à peu près

l'éventail de Laquintinie, et tandis que l'école de ce dernier élevait des arbres de dix ou douze pieds d'étendue, M. Dumoutier, pour donner un démenti aux obstacles qui ont perdu son imprudent devancier, élevait sous la même forme, mais avec le pincement, des arbres de 42 pieds d'envergure.

La forme pyramidale de Legendre, ancien curé d'Hénonville, au XVIIe siècle (qui, pour le dire en passant, est la même chose que la palmette de Forsyth, donnée comme une nouveauté dans ces derniers temps), a été employée avec le même succès; et ceux qui l'ont essayée ont prouvé combien la suppression du canal direct et l'inclinaison des principales branches à l'angle de 45 degrés étaient peu nécessaires à la prospérité de l'arbre, malgré les assertions de Montreuil à cet égard.

D'autres enfin, tels que M. Corbie, à Boissy-St-Léger, près de Paris, se sont jetés dans des formes inconnues jusqu'à ce jour, tantôt taillant le pêcher comme nos anciens ifs, tantôt le contournant au-dessus d'un portail, ou le faisant serpenter autour d'une ou plusieurs ouvertures placées à des étages différents. On dirait d'une pâte qui se pétrit dans les mains de ces hommes habiles, et sous toutes ces formes, anciennes ou nouvelles, régulières ou bizarres, obtenues toutes par l'effet du pincement, le pêcher s'est conservé plein de vigueur, sans gourmands, sans plaies, et chargé tous les ans des plus beaux fruits. Comment s'étonner, d'après cela, d'entendre dire à ces nouveaux maîtres, qu'après la vigne, le pêcher est de tous les arbres le plus facile à diriger, et comment ne pas déplorer la persuasion où nous sommes tous encore, dans nos départements, que cet arbre doit être abandonné comme rebelle à tous les efforts de l'art?

Je conviens que, parmi ces formes diverses dont je viens de parler, quelques-unes sont des jeux de la science bien plus que des modèles à suivre dans une culture ordinaire; mais leur diversité même prouve ce que j'ai avancé plus haut, que la méthode nouvelle rend l'ouvrier maître absolu des caprices de la sève, avantage inconnu aux écoles de Montreuil et de Laquintinie, et devenu propre à l'école moderne.

Cet avantage est tout à la fois un pas immense qu'on a fait faire à la science, et un service signalé rendu aux praticiens les moins instruits ; car s'il est vrai que, dans nos départements, nous n'avons pas besoin de ces espèces de tours de force où la science se joue, et que Montreuil n'eût jamais faits, il est vrai aussi que les moyens simples et puissants qui les ont produits sont applicables à la culture la plus commune, comme aux formes recherchées des plus habiles maîtres. Ces moyens restent donc à la disposition de tous nos jardiniers. Espérons que, par un amour-propre déplacé et malheureusement trop commun dans cette classe d'ouvriers, ils ne repousseront pas la lumière qui aujourd'hui les environne de toutes parts. Désirons surtout, pour la gloire de l'école nouvelle, que les élèves qu'elle formera n'oublient pas que le pincement a perdu l'école de Laquintinie, et que, pincer sans donner des issues suffisantes à la sève, ce serait, par un cercle vicieux, revenir à l'enfance de l'art.

Vous voyez, Messieurs, dans l'esquisse rapide que je

viens de vous tracer, quels ont été, depuis son origine jusqu'à nos jours, les progrès de l'art de la taille.

Ils donnent lieu à des réflexions singulières. La science avait, dans Laquintinie, présidé aux débuts de cet art, et la science échoua complètement. La gloire d'en trouver les premiers principes était réservée à de simples cultiva-teurs étrangers à toute étude de physique. Plus habiles à manier la serpette que la plume, on conçoit qu'ils n'aient pas répandu hors de leur village les connaissances toutes de pratique qu'ils avaient acquises; mais ce qui étonne, c'est que, pendant près de deux siècles, leur méthode, toute bonne qu'elle pouvait être, soit restée sans amélio-rations entre leurs mains, et qu'ils aient constamment re-poussé un perfectionnement simple et facile, et dont les résultats puissants sont le correctif nécessaire des incon-vénients inséparables de la taille la mieux combinée. La routine exerce-t-elle donc son empire sur les hommes les plus industrieux comme sur les manœuvres les moins ha-biles? Il paraît que Roger Schabol avait un peu exagéré les éloges qui sont dus aux Montreuillois sous le rapport de l'invention des murs de refend, des brise-vents, des paillassons, du palissage à la loque, etc., etc. *Legrand-d'Aussy* en attribue l'honneur à *Girardot* ; mais personne ne leur conteste celui d'avoir perfectionné la taille et la conduite des arbres, et l'on est surpris de les voir aujour-d'hui rester stationnaires au milieu des progrès que leur art favori a fait autour d'eux. S'il faut en croire des té-moins oculaires, cet art perdrait aujourd'hui plus qu'il ne gagnerait dans ce village célèbre. L'économie du temps et de la dépense y ferait, à quelques exceptions près, le grand

3*

mérite de la culture et l'industrie du gain; les calculs de
l'intérêt auraient remplacé les savantes combinaisons de
l'art (1).

Mais si, pour la bonne direction des arbres, la science
a échoué sous Laquintinie, c'est elle qui triomphe dans
l'école actuelle. *Depuis quelques années*, dit **M.** le comte
Lelieur, *la plupart des jardiniers, dans la vue de se mieux
placer, ont cherché à devenir botanistes ; les meilleurs auteurs d'autrefois n'ont jamais été lus par les jardiniers
contemporains. Il n'en est pas de même aujourd'hui, les
jeunes gens qui se destinent à cette profession étudient,
s'instruisent...* Ajoutons que, dans les écoles payées par
le gouvernement, toutes les branches de l'agriculture sont
professées publiquement. Des établissements particuliers
se chargent encore de répandre les saines doctrines. L'art
de la taille est enseigné dans plusieurs lieux par des maîtres habiles, la serpette à la main, et en face des espaliers
eux-mêmes. La pratique et la théorie marchent de front,
elles s'appuient mutuellement. Tous ces moyens d'instruction doivent amener d'heureux résultats. Nous les trouvons dans l'école nouvelle qui s'est formée, et le point de
perfection où elle est arrivée ne nous laisse peut-être à
désirer que de voir nos maîtres modernes se fixer sur une
forme d'arbres déterminée. Si ce choix importe peu aux

(1) Les personnes qui se scandaliseraient de ces observations et
les trouveraient trop irrévérencieuses envers un village dont le
nom a été pendant longtemps l'objet d'une espèce de culte en fait
d'arbres et de taille, sont invitées à visiter Montreuil même, ou au
moins à lire dans la *Pomone française*, de M. le comte Lelieur,
le chapitre intitulé : *Montreuil.*

jardiniers habiles, il n'est indifférent ni pour la classe très-nombreuse de ceux qui débutent dans la carrière, ni par conséquent pour le pêcher lui-même qui, sous une forme très-simple, éprouverait moins de contrariétés dans sa végétation.

PREMIÈRE PARTIE.

Taille et Gouvernement du Pêcher.

CHAPITRE PREMIER.

Végétation du Pêcher.

Avant de parler de la taille et des opérations qui s'y rattachent, je dois faire observer qu'il est impossible de bien tailler, et de donner à un arbre les soins de culture qu'il exige, si l'on ne connait pas son mode de végétation en particulier et en général la marche de la sève dans les arbres. Nous allons donc nous occuper d'abord de ces deux objets.

La végétation du pêcher a dans sa marche quatre périodes bien marquées et qu'il est essentiel de connaître.

Dans la première période, qui renferme la première année de la végétation, la sève produit un *œil* accompagné d'une feuille et nourri par elle.

Dans la seconde période, ou la seconde année de végétation, l'œil se développe en *bourgeon*, et ce bourgeon, pendant son développement, se garnit dans toute sa longueur d'yeux et de feuilles.

Dans la troisième période, ou pendant la troisième année, ce même bourgeon, terminé désormais par un œil, et qu'on nomme *rameau*, ne peut plus produire ni œil, ni feuille, mais développe en bourgeons *les yeux à bois*, et en fruits, *les yeux à fleurs* ou *boutons* qu'il avait formés l'année précédente, quand il était encore bourgeon.

Enfin dans la quatrième période, qui comprend la quatrième année, et toute la durée de l'existence d'une branche, cette branche ne peut plus produire ni feuille, ni œil à bois, ni bouton à fleur, ne peut plus développer ni œil en bourgeon, ni bouton en fruit. Sa fonction se borne désormais à transmettre la sève aux rameaux ou bourgeons auxquels elle a donné naissance. On la nomme alors *branche à bois* ou *vieux bois*.

Ainsi : *œil, bourgeon, rameau* et *branche à bois* ou *vieux bois*, voilà toute la végétation du pêcher. Toutes ses branches, si elles ne sont pas supprimées avant le temps, passent par ces quatre états différents. Toutes ont la même origine, un œil à bois; toutes le même terme. Rigoureusement parlant, on peut donc dire qu'il n'y a dans le pêcher qu'une seule espèce de branches; et si, dans la pratique, on distingue avec raison les branches à bois des branches à fruit, c'est que, pour des destinations différentes, on les prend à des âges différents. Mais la différence n'est point dans la nature des branches, puisqu'avec les précautions requises, on peut, de chaque branche du pêcher, faire à volonté soit une branche à bois, soit une branche à fruit.

Reprenons et examinons en détail les divers produits de ces quatre époques différentes.

Première période de la végétation du Pêcher.

LES YEUX.

Dès le mois de juillet, et seulement sur les bourgeons naissants, les yeux commencent à paraître dans l'aisselle des feuilles, qui sont leurs mères nourrices, et qui tombent lorsque les yeux, complètement formés, n'ont plus besoin d'elles.

Le pêcher a des yeux de deux espèces :

Ceux qui doivent produire des bourgeons, et que l'on nomme *yeux à bois*, et ceux qui doivent produire des fleurs et plus tard des fruits; on nomme ceux-ci *boutons*.

Tant que les *yeux* et les *boutons* ne peuvent pas être distingués à raison de leur petitesse, les uns et les autres portent indistinctement le nom d'*yeux ;* mais aussitôt qu'on peut les reconnaître, il est essentiel de les désigner par leurs noms propres, autrement la confusion dans les noms serait une cause d'erreurs dans les choses.

Les yeux à bois sont aplatis et pointus, simples ou doubles, et même quelquefois triples; ils sont lisses et d'une couleur brune tirant sur le noir ; quelquefois l'*œil* simple est accompagné d'un *bouton* à fleur, d'autres fois de deux *boutons,* et alors il est placé entre eux deux.

Les boutons sont ronds et plus volumineux que les *yeux*. Quoique très-jeunes, leur extrémité duvetée indique déjà, lors de la taille, la couleur des fleurs dont ils ne sont que les enveloppes. On les trouve placés, ou seuls, ou accompagnés d'un *œil à bois*, ou bien deux à deux, et alors ils ont un œil à bois entre deux, ou bien enfin ils sont rangés en plus grand nombre autour de l'œil qui termine de très-petites branches que l'on nomme *bouquets.*

Les boutons se développent toujours avant les *yeux*.

La fleur du pêcher est presque sessile, composée d'un calice à cinq divisions qui tombe aussitôt que le fruit est noué, d'une corolle à cinq pétales, d'environ trente étamines, et d'un pistil auquel le fruit succède. La fleur du pêcher est purgative.

Quand le *bouton à fleur* n'est pas accompagné d'un *œil à bois*, la fleur peut se développer, le fruit noue même encore; mais ce dernier avorte, à moins qu'il ne se trouve un *œil* dans le voisinage et au-dessus du *bouton;* il est donc très-important de ne jamais tailler une branche à fruit sur un *bouton* qui ne serait pas accompagné d'un *œil à bois.*

LES FEUILLES.

Les feuilles du pêcher sont longues, pointues, dentelées sur leurs bords, portées sur de courts pétioles, et alternes, excepté dans les faux bourgeons dont les premières feuilles sont ordinairement opposées.

Les feuilles, qui ne paraissent au premier abord qu'un objet d'ornement et de parure pour les arbres, sont pour eux un des moyens les plus puissants de prospérité. Douées de qualités absorbantes, elles aspirent continuellement l'humidité atmosphérique, lui font subir une élaboration préparatoire, et en tirent des sucs nutritifs qu'elles transmettent d'abord à l'œil qu'elles accompagnent, et ensuite à tout l'arbre. Les feuilles sont donc, comme les racines, un moyen d'alimentation pour les arbres ; et en effet ils périraient, privés de leurs feuilles, comme ils périssent privés de leurs racines.

De cette vérité, il résulte des conséquences importantes pour la culture du pêcher.

La première, c'est qu'en supprimant une feuille, on fait avorter l'œil que son pétiole recouvre.

La seconde, c'est qu'en retranchant totalité ou partie des feuilles d'une branche ou d'un arbre, on affaiblit d'autant la branche ou l'arbre, comme on fortifie d'autant l'un ou l'autre, en y multipliant les feuilles (1).

Sur le pétiole, et près de la naissance du parenchime des feuilles de quelques variétés de pêcher, on trouve des glandes dont l'absence ou la présence, dont la conformation globuleuse ou réniforme servent, comme caractère botanique, à distinguer les variétés entr'elles.

---

(1) Je présume que l'utilité incontestable des feuilles entre pour beaucoup dans le conseil donné par l'école nouvelle de tailler long les branches faibles et court les branches trop fortes.

Seconde période de la végétation du Pêcher.

LES BOURGEONS.

Les yeux du pêcher se développent tous pendant l'année qui suit celle de leur formation, et ceux qui ne se développent pas alors s'éteignent pour toujours. Les exceptions à cet égard sont tellement rares qu'on ne peut jamais les faire entrer dans les calculs de la taille.

L'œil, en se développant, forme un *bourgeon*. Ce *bourgeon* commence par l'état herbacé et finit par l'état ligneux; son écorce, toute verte d'abord, se colore ensuite de rouge du côté du soleil. En croissant il se garnit sur toute sa longueur de feuilles, d'yeux et de boutons, et il continue à s'allonger jusqu'à ce que sa pousse soit terminée par un *œil;* alors il s'arrête et son développement est complet.

On distingue quatre espèces de bourgeons : *le Bouquet, le Gourmand, le Bourgeon ordinaire* et *le Faux bourgeon.*

1°. *Le Bouquet* (planche II, fig. 5, n°. 12).— C'est la plus petite des branches du pêcher. Elle n'a pas plus de un à trois pouces de longueur. Elle présente à son extrémité un *œil* entouré de quatre ou cinq *boutons*, plus ou moins. Cette petite branche, qui donne l'année suivante les fruits les plus beaux et les plus assurés, ne se trouve guère que sur les arbres ou parties d'arbres formées. On ne la taille point, et lors même qu'elle est mal placée, on ne la supprime qu'après lui avoir laissé produire du fruit au moins pendant une année.

4

2°. *Le Gourmand* (planche II, fig. 5, n°. 1, A D).
— C'est le plus gros des bourgeons du pêcher. Quand
l'arbre est jeune, ses pousses nouvelles prennent communément le caractère de gourmands. Leur extrême vigueur
les rend propres à former la charpente de l'arbre ; aussi
sont-elles précieuses dans les premières années de la végétation. Mais il n'en est pas de même lorsque les gourmands paraissent sur des arbres ou des parties d'arbres
toutes formées : ils naissent ordinairement près de l'endroit où les branches sont courbées ou sur le dessus des
branches. Dès leur naissance, on peut les reconnaître à
leur grosseur et à la largeur de leur empatement qui em-
brasse souvent tout le rameau sur lequel ils viennent.
Leurs yeux sont petits, aplatis, très-éloignés les uns des
autres, et s'éteignent souvent dans le bas. Leur écorce,
au lieu de rester pendant la première année rouge et verte,
comme dans les autres bourgeons, devient promptement
grise dans les deux tiers environ de sa longueur. Ces
branches vigoureuses absorbent toute la sève destinée au
rameau qui les porte, et, au-delà de leur point d'insertion,
le rameau languit et meurt.

Le gouvernement des gourmands a partagé, ou, pour
mieux dire, embarrassé les deux écoles de Laquintinie et
de Montreuil. Comme nous l'avons expliqué plus haut,
les jardiniers modernes ont tranché la question. Les
gourmands sont un mal, ils ne le guérissent pas, ils le préviennent ; avec leurs procédés aussi simples qu'ingénieux,
il ne doit jamais venir de gourmands sur un arbre ou sur
des parties d'arbres formées, et leur présence annonce
l'ignorance ou la négligence du jardinier.

3º. *Le Bourgeon ordinaire* (planche II, fig. 5, G G G).
— Il tient le milieu entre *le gourmand* et *le bouquet*, et
comme entre ces deux points extrêmes il y a beaucoup de
points intermédiaires, il y a aussi des bourgeons de plusieurs grosseurs. Quand on les destine à former la charpente de l'arbre, on tâche de les avoir forts et vigoureux ;
quand on n'a en vue, pour l'année suivante, que des
branches à fruit, ils ne doivent être que de la grosseur
d'un gros tuyau de plume. Moins grosses, ce ne seraient
que des branches chiffonnes, peu propres à la production
du fruit, et qui, si elles n'étaient taillées très-court, s'é-
puiseraient bientôt.

4º. *Le Faux bourgeon* (Fig. 5, E E E ; — fig. 16, 17 et
18, E D C). — Le bourgeon ordinaire est le résultat du
développement d'un œil formé pendant le cours de l'année précédente, de manière qu'il s'est passé un automne
et un hiver entre la formation de l'œil et le développement du bourgeon.

Le faux bourgeon, au contraire, naît sur le bourgeon
lui-même, dans la même année que le bourgeon, et dans
la même année que l'œil dont il sort, de manière qu'entre
la formation de cet œil et le développement du faux bourgeon on ne peut assigner aucun intervalle. La naissance
du faux bourgeon est donc pour la sève une anticipation
sur les produits de l'année suivante ; mais l'époque de son
développement n'est pas la seule différence qui se trouve
entre lui et le bourgeon ordinaire. Dans ce dernier, tous
les yeux sont alternes ; dans le faux bourgeon, les premiers yeux sont ordinairement opposés. Le bourgeon ordinaire a les yeux assez rapprochés ; le faux bourgeon n'en

a quelquefois qu'à six pouces de son point d'insertion. Il résulte de cette dernière circonstance que, si l'on taillait sur le faux bourgeon, à l'effet d'en tirer une branche à fruit pour l'année suivante, cette branche ne naîtrait que fort loin de la naissance de la branche qui la produirait, ce qui donne des vides désagréables et une perte fâcheuse d'espace sur le mur. Le faux bourgeon a un autre inconvénient; c'est que ses yeux, surtout ceux du bas, sont beaucoup plus faibles que les yeux du bourgeon sur lequel il est venu, et par conséquent sont beaucoup moins convenables que ces derniers à continuer une branche de charpente. Cependant, quand tous les yeux d'un bourgeon se sont ouverts en faux bourgeons, il faut bien, l'année suivante, tailler, même pour la charpente de l'arbre, sur des yeux de faux bourgeons. Ces divers inconvéniens se présentent fréquemment dans les terrains secs et brûlants. Le trop grand nombre de faux bourgeons est sans doute un fléau pour la taille ; mais leur présence est un bienfait pour la branche qui les porte. Elle est due à une plus grande énergie dans l'action de la sève, et si les faux bourgeons n'arrivaient pour l'absorber dans ses moments de fougue, elle déchirerait son écorce, et formerait des dépôts de gomme. Ils sont nécessaires, indispensables pour amuser la sève, comme disent les jardiniers. On aurait donc tort de chercher à prévenir leur naissance et de les supprimer tous quand ils sont venus.

Nous ne quitterons pas l'article des *bourgeons*, qui est la deuxième période de la végétation du pêcher, et la première année de la végétation de ses branches, sans faire remarquer que c'est à cette époque de leur formation que l'école nouvelle consacre le plus de soins, et les soins les plus essentiels à la prospérité de l'arbre. C'est sur les *bourgeons* que le pincement, l'ébourgeonnement, un palissage plus ou moins rigoureux, activent ou retiennent sur certains points la marche de la sève, suivant les désirs du jardinier. Ces soins préparent tellement la taille de l'hiver suivant, que cette taille, pour les branches de charpente, se réduit à très-peu de chose. Elle ne consiste plus aujourd'hui dans des suppressions continuelles de gros rameaux et de gourmands, mais dans un simple raccourcissement d'un certain nombre de branches à bois, nombre peu considérable, fixé d'avance par le jardinier, que la sève ne peut pas augmenter, et que la taille conserve. La formation de l'arbre se faisait autrefois avec la serpette, et en corrigeant chaque année, au printemps, par de fortes amputations, les erreurs et les divagations de la sève. Aujourd'hui on prévient ces erreurs; on ne coupe pas une branche qui serait hors de sa place, on l'empêche de pousser : c'est un travail de prévision et non plus, comme jadis, un travail de correction. Avec cette méthode, les grosses plaies disparaissent de dessus l'arbre, et la sève, maintenue dans les larges canaux qu'on l'a forcée à se tracer elle-même, circule librement, et porte partout l'abondance et la vie.

Troisième période de la végétation du Pêcher.

LES RAMEAUX.

Quand le bourgeon est désormais terminé par un œil, et qu'il est âgé d'un an, on le nomme *rameau*. Alors il ne peut plus produire ni œil à bois, ni boutons à fleurs; mais il est couvert de tous les yeux et de tous les boutons qu'il avait produits lorsqu'il était dans l'état de *bourgeon*. Dans ce nouvel état de rameau, il développe en bourgeons les yeux à bois, et en fruit les boutons à fleurs que la sève avait fait naître l'année précédente. Pendant le cours de cette précédente année, il a pu pousser de gros bourgeons qui sont maintenant de gros rameaux, comme les petits bourgeons sont de petits rameaux, le rameau n'étant autre chose que le bourgeon âgé d'un an.

Les gros rameaux qui sont des gourmands ne doivent, d'après les opérations de la précédente année, se trouver que là où ils sont nécessaires, c'est-à-dire à l'extrémité et en prolongement des branches de charpente. Partout ailleurs ils seraient un défaut grave que le pincement a dû prévenir.

Quant aux petits rameaux, ils sont destinés à la production du fruit; aussi les nomme-t-on branches à fruit. Nous avons indiqué, et nous expliquerons plus tard, la nécessité de renouveler tous les ans les branches à fruit. Mais pour nous borner ici à ce qui est relatif au mode de la végétation du pêcher, nous ferons remarquer que, sur le rameau, les yeux les plus rapprochés de son point d'insertion ne sont pas des boutons à fleurs, mais des yeux à bois : circonstance heureuse et véritable faveur de la nature pour les arbres en espalier; car, sans elle, il eût été impossible de concentrer la sève dans l'intérieur de l'arbre. Avec cette disposition, au contraire, et par les moyens que nous indiquerons plus tard, le jardinier force les premiers yeux à se développer en bourgeons, et en taillant tous les ans la branche à fruit sur ces bourgeons inférieurs, il empêche cette branche de s'allonger, et l'arbre de se dégarnir du centre.

Le fruit est évidemment, dans le pêcher, un produit de la troisième période ou troisième année de la végétation. Mais pour ne pas interrompre nos observations, nous en parlerons après l'article consacré à la dernière période, celle des branches à bois.

Quatrième et dernière période de la végétation du Pêcher.

BRANCHES A BOIS OU VIEUX BOIS.

Les trois premières périodes ne renferment chacune qu'une année de la végétation du pêcher. La quatrième renferme tout le reste de son existence. Pendant cette dernière période, la branche ne peut plus produire ni feuille, ni œil à bois, ni bouton à fleur; ne peut plus développer ni œil en bourgeons, ni bouton en fruit; ce n'est plus qu'une branche nue et dégarnie à l'extérieur des signes de la vé-

gétation. Ses fonctions se bornent donc désormais à celle
d'un canal qui transmet la sève aux rameaux, aux bourgeons et aux fruits dont les diverses parties de l'arbre
sont couvertes. Cette branche se nomme alors *branche à
bois* ou *vieux bois*, nom qu'elle conserve, ainsi que ses
fonctions, pendant toute la durée de son existence.

Il y a deux espèces de *branches à bois :* les *branches de
charpente* et les *branches coursonnes*.

1°. *Les branches de charpente.* — Quelle que soit la
forme d'arbre que l'on adopte, les branches naissent
toutes les unes des autres; mais il en est qui, partant di-
rectement du tronc, reçoivent la sève les premières pour
la distribuer ensuite aux autres. On les nomme *branches
mères.* Il n'y en a qu'une dans les palmettes, deux dans
la forme en V de Montreuil, un plus grand nombre dans
d'autres formes.

Ces *branches mères* donnent à leur tour naissance à
d'autres branches à bois que l'on nomme *branches secondaires.* Ces dernières peuvent se bifurquer et produire un
troisième ordre de branches qu'on nommera *tertiaires.*

On voit que le nom comme le nombre et la position de
toutes ces branches dépend de la forme d'arbre que l'on a
adoptée; mais toutes ont les mêmes fonctions qui sont de
former la charpente de l'arbre, de se garnir de branches à
fruit sur toute leur longueur, et, comme nous l'avons dit,
de transmettre la sève à toutes les parties de l'arbre auxquelles elles ont donné naissance. Ces fonctions, la branche à bois y est toujours propre, à cinquante ans comme
dans la première année de son existence. Il n'y a donc
pas, pour les branches à bois, comme pour les branches à

fruit, de motif de les renouveler continuellement, comme le font nos jardiniers, pour concentrer la sève dans le centre de l'arbre ; les bons élèves de l'école de Montreuil et tous ceux de l'école nouvelle concentrent bien aussi la sève, mais c'est seulement en taillant court les branches à fruit. On peut affirmer lorsque l'on voit tailler sur le vieux bois, ou bien qu'il y a eu maladresse dans les tailles précédentes, ou bien malheurs survenus, comme grêle, maladies, etc.

2°. *Les branches coursonnes.* — Les branches à fruit sont distribuées sur toute la longueur des branches de la charpente de l'arbre. Ces branches à fruit sont taillées tous les ans sur les pousses inférieures et renouvelées par le bourgeon le plus rapproché de leur naissance ; mais, quelques soins qu'on prenne à cet égard, il en reste toujours une portion qui est augmentée tous les ans par la portion des bourgeons qui sont successivement supprimés ; il en résulte un morceau de branche informe, qui n'est ni bourgeon, ni rameau, dont les diverses parties sont trop vieilles pour produire ou développer des yeux et des boutons, qui a par conséquent les caractères de branches à bois, et que l'on nomme *branche coursonne.* Elle sert tous les ans de support à la nouvelle branche à fruit, et d'intermédiaire entre cette branche à fruit et la branche de charpente. Le but que l'on doit se proposer dans le gouvernement des branches coursonnes, c'est de les tenir le plus court possible. Quand le jardinier ignore l'art du remplacement, ou le pratique avec négligence, ces branches s'allongent trop, et l'arbre se dégarnit dans le milieu.

LE FRUIT.

Dans toutes les plantes, le fruit est le dernier terme de la végétation annuelle. Dans les arbres fruitiers il paraît en être le but : les feuilles, les tiges, les racines, tout semble chargé d'aspirer pour lui, de conduire et d'épurer les sucs qui doivent le former. Mais aussi cette formation est le travail le plus pénible de la végétation. On n'en est pas étonné pour le pêcher, quand on voit dans la pêche la quantité de sucs élaborés que sa chair et son amende renferment, et dans son noyau l'extrême dureté que n'égale aucune partie ligneuse de l'arbre, et qui cependant a été le produit d'un travail de quelques mois seulement. La formation de la pêche est donc pour le pêcher l'occasion d'une grande consommation de sève, et d'un travail d'élaboration pénible. On conçoit d'après cela qu'un puissant moyen de restaurer une branche ou partie d'arbre fatiguée, c'est de lui interdire la production du fruit ; et que le meilleur moyen de la dompter si elle est trop forte, comme de la ruiner si elle est déjà affaiblie, c'est de lui en faire porter beaucoup. Ces observations, dont la vérité est facile à saisir, sont négligées par les trois quarts de nos jardiniers. Ils taillent les branches une à une, sans examiner l'ensemble de l'arbre, sans se rendre compte des parties qui veulent être ménagées, de celles qui peuvent être chargées, prenant du fruit indistinctement partout où ils en trouvent, sauf ensuite à se plaindre de la courte durée du pêcher, si les récoltes dont ils triomphent viennent à le faire périr.

La nature, heureusement, se défend par plusieurs

moyens contre l'avidité meurtrière du cultivateur. Quand l'arbre est jeune encore, et que la production du fruit lui serait funeste, elle fait agir la sève avec tant de fougue, qu'elle est impropre à ce travail long, et pour ainsi dire de patience, qu'exige l'élaboration des sucs. Elle fait tomber les pêches imprudemment laissées sur l'arbre; et si quelques-unes échappent, il est à remarquer qu'elles sont toujours, sur un jeune arbre, beaucoup moins bonnes que sur un arbre formé.

D'un autre côté, quand un arbre est trop chargé en fruits par la taille, la nature, par une heureuse impuissance, le débarrasse d'une partie de ce qui excède ses forces. Au mois de juin environ, à l'époque où doivent se former l'amende et le noyau, qui exigent le plus de substances, elle retire la sève d'une portion des fruits qui tombent ainsi, faute d'aliment. Souvent il n'en tombe pas encore assez, et le jardinier sage doit ordinairement ajouter à ces retranchements. Mais il est prudent à lui d'attendre pour faire son choix que la nature ait fait le sien; autrement, elle pourrait rejeter encore comme mauvais ce qu'il aurait conservé comme bon, et alors il en resterait trop peu. Ce n'est donc qu'après le mois de juin qu'il faut éclaircir les fruits trop nombreux.

LE BOIS.

Le bois du pêcher, comme celui de tous les autres arbres, commence par une pousse herbacée, verte et très-cassante; ce qui exige beaucoup d'attention pendant le premier palissage. Lorsque cette pousse prend de la force, elle se colore en rouge du côté du soleil, et cette couleur apparaît de très bonne heure sur les bourgeons vigoureux. Dans cette première année, l'écorce du jeune bois a, comme les fleurs du pêcher, une vertu purgative qu'il conserve même pendant l'hiver.

Vers la fin de l'année, l'écorce du bois qui, sur presque tous les bourgeons, est rouge du côté du soleil, et verte du côté opposé, devient à peu près grise sur les deux tiers des bourgeons vigoureux ou gourmands. Cette dernière couleur devient générale, au printemps suivant, sur tous les bourgeons âgés alors d'un an, et reste invariablement la couleur propre de l'écorce du pêcher. Son bois est dur, veiné, coloré de rouge; et si ses branches et son tronc étaient de dimensions plus fortes, on pourrait s'en servir pour l'ébénisterie.

Réflexions générales sur la marche et les mouvements de la sève.

A ces détails essentiels sur la végétation du pêcher, il me paraît utile d'en ajouter quelques autres sur la marche de la sève dans les arbres. Nous ignorons la cause première de son mouvement; et, en ce point comme en beaucoup d'autres, la nature admirable et bienfaisante dans les résultats a voulu rester mystérieuse dans les causes. Mais tant de science n'est pas nécessaire au cultivateur. Tout son art n'a pour objet que d'aider et de diriger la sève dans sa marche; et, pour y parvenir, il suffit de la connaissance de quelque fait bien constaté par l'expérience, et qu'on peut poser en principe.

Ainsi c'est un principe certain et universellement reconnu, *que la sève tend toujours à monter.* L'application de ce fait très-simple à un seul bourgeon nous expliquera beaucoup de circonstances de sa formation, et nous indiquera d'avance le motif de beaucoup de procédés nécessaires pour le gouvernement du pêcher.

Supposons le bourgeon A B (planche IVe, fig. 16) : pendant que ce bourgeon se développe, la sève dépose autour de sa tige, et à des distances plus ou moins rapprochées, les yeux *f f* et *h h*; mais comme elle tend toujours à monter, son action est plus énergique dans le haut de la tige que sur les côtés; elle développe sa pousse d'en haut tandis qu'elle néglige les yeux placés sur les parties latérales, et ces yeux seront d'autant plus négligés par elle, que son mouvement d'ascension sera plus rapide. Ainsi, dans les gourmands et forts bourgeons où il y a augmentation d'énergie et accélération de mouvement, non seulement les yeux sont placés à de plus grandes distances, mais encore ils sont à peine ébauchés, et le peu de vie qu'ils renferment s'y éteint aisément.

Quand le bourgeon est arrivé environ à la moitié de sa longueur, la force d'action se modère, et la sève, moins pressée dans sa marche, soigne davantage les yeux latéraux de la tige, qui sont toujours mieux nourris que ceux du bas. Mais, au mois de juillet, de fortes chaleurs donnent à la végétation une impulsion violente. Ce n'est plus ce mouvement vif, mais uniforme et continu qui avait lieu pendant les douces chaleurs du printemps; ce sont

5

des secousses subites que la sève éprouve, secousses qui
ne donnent pas le temps à la pousse supérieure de la tige
d'absorber la totalité de la sève qui y est portée. Cette sève
est donc obligée de se créer des issues accessoires, et,
comme c'est dans le haut du bourgeon que son action
s'exerce, c'est aussi dans le haut et non dans le bas de
la tige qu'elle se crée ces nouvelles issues ; de là la naissance des faux bourgeons (C D E).

Dans les terrains brûlants, ces secousses sont plus fré-
quentes que dans les terrains frais, et aussi, dans les premiers, il arrive souvent que presque tous les yeux du
bourgeon se développent en faux bourgeons, tandis qu'on
n'en voit qu'un petit nombre dans les terres où un mélange d'argile défend les racines contre l'action trop vive
de la chaleur. Et ce qui prouve que la présence des faux
bourgeons tient moins à la surabondance qu'à la marche
désordonnée de la sève, c'est que, dans les terrains chauds,
où les faux bourgeons sont si multipliés, les bourgeons
sont moins gros, moins allongés, et renferment, en masse,
moins de substance que dans les terrains frais.

Le désordre de mouvement qui a présidé à la naissance
d'un faux bourgeon influe sur sa constitution. Sa sève,
qui ne travaille plus qu'en courant, soigne peu les yeux
latéraux, et les premiers yeux, du moins ceux qui sont
créés pendant le moment de désordre, sont placés fort
loin de son point d'insertion, parce que la distance des
yeux est la mesure de la célérité de la marche, et que,
dans le faux bourgeon comme dans le gourmand, la sève
marche à grands pas, quoiqu'avec une abondance inégale
dans les deux.

De tout ce que nous venons de dire, il résulte que si, pendant la pousse du bourgeon, on comprime et suspend le mouvement d'ascension de la sève, par exemple, au point G, elle gonflera pendant cette suspension, et fortifiera les yeux du bas de la tige qu'elle avait négligée jusqu'alors. Si on arrête tout-à-fait ce mouvement par une amputation ou autrement, alors la sève, non contente de gonfler ces bourgeons, sera obligée de se créer des issues nouvelles ; mais conformément au principe qui la fait toujours monter, elle se créera ces issues en développant les yeux d'en haut de préférence aux yeux d'en bas, parce que c'est dans le haut que son action principale s'exerce. Maintenant, supposons le bourgeon A B devenu rameau, et incliné comme dans la fig. 17e., on comprendra de suite la diversité d'effets que le même mouvement d'ascension verticale doit produire dans les yeux et les rameaux ; la sève, obligée de suivre, dans un canal incliné, une direction qui contrarie son mouvement naturel, tendra continuellement à reprendre la direction qui lui est propre, et partout où elle trouvera des issues qui se prêtent à cette direction, elle s'y portera de préférence à celles qui l'entraînent dans une ligne opposée; elle se portera donc en plus grande abondance dans les yeux supérieurs ff, que dans les yeux inférieurs hh ; dans les rameaux supérieurs E D, que dans le rameau inférieur C.

Les yeux et rameaux supérieurs nécessiteront donc des précautions et des opérations qui seraient inutiles pour les yeux et rameaux inférieurs, si, au lieu d'incliner dans toute sa longueur le rameau A B, on ne l'inclinait qu'à partir du point G (fig. 18); la position des yeux et rameaux, à partir dudit point, étant la même que dans la fig. 17, les effets de la sève resteraient aussi les mêmes pour cette partie ; mais, dans cette supposition, les yeux *f f* et *h h*, placés au-dessous dudit point G, auraient plus de tendance à s'ouvrir que les points correspondants dans la fig. 16, parce que, dans la tige de ladite figure 16, la sève, libre de suivre son mouvement d'ascension, se porterait de préférence dans les yeux du haut, et qu'au contraire, dans la tige de la figure 18, son mouvement est contrarié par l'inclinaison de la partie G B ; cette contrariété ralentit sa marche, et lui permet par conséquent de se porter dans les issues que lui présentent les yeux inférieurs au point G.

Dans la même supposition, le point G mérite un peu moins d'attention : l'eau, poussée dans un tube, suivra rapidement la direction qu'il lui trace, si ce tube est toujours en ligne droite, comme dans la tige A B de la figure 16, et en suivant cette ligne, elle fera peu d'efforts contre les parois latérales de ce tube ; mais si ce dernier vient à se couder (comme le fait, au point G, la tige A G B de la figure 18), alors l'eau agira au point du coude contre les parois latérales avec toute la force d'impulsion qui lui a été imprimée. Par analogie on conçoit que, dans ladite branche A G B, la sève se portera contre le point G avec toute la force du mouvement qui lui est propre ; et si, à ce point ou à peu de distance, un œil lui présente une issue, elle le développera avec une vigueur qui nuira nécessairement à la prospérité de la portion de tige G B, ce qui nécessitera des précautions dans le cas où cette portion de tige serait nécessaire pour la charpente de l'arbre.

On sentira de même que , si on incline l'extrémité B
(figures 17 et 18 d'une tige), les points qui, par cette
inclinaison, se trouveront plus élevés qu'elle, se trouveront aussi recevoir plus de sève qu'ils n'en auraient reçu
sans cette inclinaison; et qu'ainsi, dans une branche placée horizontalement, si on veut maintenir le cours de la
sève dans toute la longueur de cette branche, et surtout à
son extrémité, il ne faut point abaisser cette extrémité; et
il convient au contraire de la relever un peu au-dessus du
niveau du reste de la branche pour y attirer la sève.

On aurait tort cependant d'exagérer les conséquences
du principe d'ascension de la sève, et d'en conclure qu'elle
ne peut pas changer de direction, ni marcher dans une
ligne inclinée au-dessous du niveau de son point de départ.
La sève, comme tous les liquides, modifie son cours suivant les chocs qu'elle éprouve ; seulement, dans les directions nouvelles qu'elle est forcée de prendre , son mouvement nouveau se combine avec celui d'ascension qu'elle
conserve toujours, de telle sorte qu'en ouvrant des yeux
sur toute la longueur de la tige, elle se portera avec plus
d'abondance dans ceux d'en haut que dans ceux d'en bas,
et c'est ce qu'il importe au cultivateur de ne pas oublier.

Avant de quitter le chapitre de la végétation du pêcher,
je crois devoir m'arrêter un instant sur un autre point essentiel de physiologie végétale. Tout le monde sait que,
sans terre, sans eau et sans chaleur, il ne peut y avoir de
végétation; mais dans la pratique, tous nos jardiniers paraissent ignorer que l'air est aussi nécessaire aux arbres
que les trois autres agents dont je viens de parler.

Un chêne isolé au milieu d'une plaine s'élève peu ;

5*

mais il pousse sur les côtés de longs rameaux que l'air, dont il jouit librement, nourrit aussi bien que les pousses supérieures. Supposons que ce même chêne s'élève dans une forêt, entouré d'arbres qui le privent sur les côtés des bienfaits de l'air ; il ne développera pas ses yeux latéraux, mais la végétation se portera toute vers le haut, seul point où il lui est permis de jouir des gaz bienfaisants répandus dans l'atmosphère. Supposons-le encore planté à l'ombre de grands arbres ; il mourra, quoique les bienfaits de la terre, de l'eau et de la chaleur lui soient communs avec les arbres ses voisins ; mais l'air lui manque, et ce seul point suffit pour le faire périr.

Ce qui arrive au chêne, que je prends ici pour modèle, arrive à chaque branche d'un arbre en particulier; et dans tous les bourgeons du pêcher, les yeux avorteraient, les fruits tomberaient si, par un espacement convenable, on ne donnait, lors du palissage, à chacun d'eux, les moyens de jouir des avantages d'un élément sans lequel il ne peut y avoir ni feuilles, ni yeux, ni fruits. C'est cependant ce que nous voyons journellement sur nos espaliers où les jardiniers entassent journellement comme dans un fagot les bourgeons les uns sur les autres. Sans doute les vides sont un des résultats les plus fâcheux du mauvais gouvernement du pêcher; mais, tout balancé, j'aimerais encore mieux dans un arbre quelques vides auxquels il n'est pas impossible de remédier, que cet entassement de bourgeons rendus inutiles, et qui, en perdant leurs yeux latéraux, nous ramènent forcément au vide, après un an ou deux ans de taille, car tous les extrêmes se touchent.

Tels sont les motifs de l'intervalle qu'on exige entre les

branches de la charpente comme entre les branches coursonnes qui garnissent en dessus et en dessous toutes les
branches à bois d'un arbre.

Les réflexions contenues dans ce chapitre, toutes simples qu'elles peuvent paraître, nous dispenseront de
beaucoup d'explications sur les motifs des procédés de la
taille et du gouvernement du pêcher, dont nous allons
donner le détail.

CHAPITRE DEUXIÈME.

Des diverses opérations usitées dans le gou-
vernement du Pêcher.

LA TAILLE.

Jusqu'à ce jour on a compris sous le nom de *taille*,
non seulement la coupe des branches, mais encore la conduite, la direction, le gouvernement du pêcher, et même
la forme donnée aux arbres. Quel que soit l'usage à cet
égard, je crois essentiel de distinguer ce qui est réellement très-distinct. La taille, comme ouvrage de la serpette, est sans doute une partie importante du gouvernement du pêcher; mais ce n'en est qu'une partie, et si la
conduite du pêcher devait s'appeler *taille*, la taille, d'a-
près les progrès qu'elle a faits sous nos jardiniers modernes, serait à mon avis moins dans la serpette que dans le
pincement. Pour ne rien confondre et rester intelligible,

je ne considère ici la taille que comme l'opération méca-
nique de la coupe, du raccourcissement ou de la suppression de branches du pêcher. Considérée comme moyen
de formation des arbres, de conduite et de direction des
branches, soit à bois, soit à fruit, nous nous en occupe-
rons dans le chapitre du gouvernement de ces deux sortes
de branches.

Nécessité de la taille.—Des auteurs graves ont soutenu
que la taille était contraire à la nature des arbres, qu'elle
était, pour eux, une cause de mort, et que la meilleure
taille était toujours dangereuse. L'expérience a répondu
victorieusement à cet égard, en montrant que le pêcher
non taillé dure moins que le pêcher taillé. L'innocuité de
la taille étant constatée par les faits, sa nécessité est incontestable pour les arbres en espalier, car sans elle il
serait impossible de les contenir et diriger sur les murs.
J'ajouterai que la taille ne fatigue pas le pêcher, en lui
faisant donner plus de productions qu'il n'en eût donné
sans elle. En effet, le pêcher a toujours plus d'yeux qu'il
n'en peut développer et nourrir. Sans la taille, la sève,
qui se porte toujours à l'extrémité des branches, eût développé les yeux du bout et laissé éteindre ceux du bas ;
avec la taille, au contraire, les yeux supérieurs sont supprimés, et les inférieurs sont seuls développés. Il n'y a
donc que changement, et non surcroît de travail pour
l'arbre. De tous les raisonnements faits contre l'utilité de
la taille, il n'y a de fondé, jusqu'à un certain point, que celui qui repose sur la déperdition de sève qui se fait à l'endroit de la coupe. Cet inconvénient est à peu près nul
pour les simples raccourcissements qui ont lieu dans une

taille bien faite, parce que là on ne travaille que sur du jeune bois qui recouvre promptement la plaie; aussi la longévité des arbres bien conduits prouve-t-elle que ce léger inconvénient est plus que compensé par les avantages de la taille; mais le reproche reste dans toute sa force pour les tailles qui se font sur le vieux bois et partout où l'écorce ne peut recouvrir la coupe.

De pareilles tailles épuisent les arbres, et ce sont elles qui, dans nos jardins, font périr les nôtres si jeunes encore. Un arbre bien dirigé ne doit jamais en éprouver de ce genre; et quand elles ont lieu sous un jardinier habile, c'est à la suite d'accidents qu'il n'a pu prévoir et empêcher; mais toute nécessaire qu'elle est alors, la taille sur le vieux bois n'en est pas moins un malheur pour l'arbre.

Ces réflexions feront comprendre l'importance du service que l'école nouvelle a rendu aux arbres en les débarrassant de la présence des gourmands; car si on supprime ces derniers, comme faisait l'école de Laquintinie, on fait à l'arbre de larges amputations par lesquelles la déperdition de la sève a lieu. Si au contraire on les utilise, comme fait l'école de Montreuil, il faut, pour leur faire place, en venir toujours à supprimer quelque vieille branche voisine. Il y a donc perte de sève dans les deux cas.

Le seul moyen était de prévenir leur naissance, et c'est ce que nous ont appris les jardiniers modernes.

Époque de la taille.—Le véritable moment pour tailler le pêcher est celui où la sève entre en mouvement, et où l'on peut distinguer l'œil à bois du bouton à fleurs; c'est-à-dire du 15 février au 15 mars environ. Ceux qui attendent que les fleurs soient développées, et même que le fruit soit noué, font éprouver à l'arbre plusieurs inconvénients graves.

D'abord, une perte de substance, à raison de la quantité de sève qui a passé dans les parties supprimées, très-inutilement pour les parties conservées. En second lieu, la taille ne se faisant qu'à la fin du mois de mars, ou même au commencement d'avril, l'évaporation qui se fait par la coupe, à cette époque avancée de la végétation, est plus forte que celle qui se fait au mois de février; et Decombes a remarqué que cette perte de sève, occasionnée par une taille tardive, donnait souvent lieu à la chute des fleurs et des fruits. En troisième lieu, l'ouvrier qui ne taille que quand les fleurs sont développées, ne peut, malgré la plus grande adresse et les plus grandes précautions, s'empêcher, au milieu des mouvements que l'opération nécessite, de heurter et faire tomber une multitude de boutons précieux et qui, de leur nature, sont très-fragiles. Enfin, quand on taille sur la fleur, on ne peut plus asseoir la coupe aussi près des yeux qu'il le faudrait; il en résulte des chicots allongés qui quelquefois font faire à la pousse des nouveaux bourgeons, des coudes désagréables, chicots qui se dessèchent sans être recouverts par la sève, et qu'il faut receper l'année suivante.

Il faut donc tailler de bonne heure; et puisque la taille tardive affaiblit les arbres, il faut l'éviter, surtout pour les arbres vieux et maladifs.

Decombes taillait au commencement de février, souvent même en janvier; et le choix de cette époque, qu'il recommande, était le résultat de beaucoup d'expériences

qu'il avait faites sur cet objet. Quelques auteurs conseillent la taille tardive pour les arbres vigoureux, comme
moyen de les dompter. Pour le pêcher, ce serait un très-
mauvais remède pour un mal très-imaginaire. La vigueur
chez lui n'est jamais un défaut, et on ne doit jamais le
dompter qu'en lui donnant toute l'étendue et tout le développement dont il est susceptible. La taille faite de bonne
heure, en ajoutant à sa vigueur, ne peut donc qu'être
avantageuse. Il convient cependant de ne pas tailler avant
la fin des fortes gelées.

Outils.— Dans notre département, ces outils, qui sont
la serpette et la scie, sont généralement mal faits.

La serpette a toujours le taillant trop courbé par le
bout, et revenant sur lui-même presque à angle droit.
Pour bien couper, il faut que l'outil glisse obliquement
sur l'objet et n'appuie pas sur lui perpendiculairement.
Or, c'est ce dernier cas qui arrive quand l'ouvrier tire à lui
sa serpette, si dans le tranchant la ligne de l'extrémité
forme avec la ligne du manche un angle droit.

On se sert en général de serpettes trop grosses pour un
ouvrage aussi délicat que la taille du pêcher; mais dans
les plus petites, le manche doit rester en proportion avec
la main qui doit le tenir, et non comme l'on fait ordinairement avec les dimensions de la lame. Il serait à désirer
que le dos de la serpette eût ses angles arrondis : on est
souvent obligé de la glisser entre deux petites branches,
et pendant que le tranchant coupe l'une, les angles trop
vifs du dos blessent l'autre.

Le bon usage de la serpette tient tout entier à l'adresse
de l'ouvrier. Il s'apprend à peine par l'exemple, encore

moins par la lecture. Je dirai seulement que, pour faciliter la coupe d'une branche, on la tire légèrement du côté
opposé à celui où la serpette travaille. Quelque faible ou
quelque fort que soit l'obstacle à vaincre par la serpette,
il faut absolument que l'ouvrier reste maitre de l'effort
qu'il fait, de manière qu'après avoir coupé une branche,
un reste d'impulsion donnée à sa main n'aille pas porter
l'outil contre une branche voisine, et, comme il arrive
fréquemment, l'abattre, l'écorcher ou l'entailler. Je renvoie à la pratique pour tous ces petits détails qui ne sont
pas sans importance.

Une bonne scie de jardinier ne doit pas être formée
d'une lame dont l'épaisseur est partout la même, et qui
n'a de chemin que par l'évasement des dents. La lame doit
être très-mince du côté du dos, et d'une bonne ligne d'é-
paisseur du côté des dents. Les dents, placées à double
rang, sont prises sur cette épaisseur, de manière que
l'évasement n'est pas dans les dents, mais dans la lame
même. L'usage de la scie exige peu d'efforts, mais un effort uniforme et continu, sans secousses qui la feraient
sortir de son trait pour aller déchirer quelque branche
voisine. La scie doit toujours s'arrêter avant que la
branche soit entièrement détachée. C'est à la serpette à
finir l'ouvrage en coupant la petite portion de bois qui
unit encore les deux parties de la branche.

Toute coupe à la scie doit être immédiatement rafraî-
chie et unie à la serpette ; sans cette précaution, la sève
ne recouvrirait pas la plaie raboteuse et l'espèce de déchirement fait par la scie.

La Coupe. — Il ne faut jamais se mettre à tailler un

arbre avant de l'avoir entièrement dépalissé, et avant d'avoir débarrassé et l'arbre et l'espalier de tous les restes d'osier, de joncs, de feuilles mortes et autres immondices. Tous ces débris sont autant de retraites pour les insectes. Il faut encore enlever tous les chicots, ergots provenant des tailles précédentes, et le bois qui est mort depuis la dernière taille. Ces suppressions faites, on peut commencer à tailler.

La coupe doit être nette, unie, sans éclats ni déchirement de l'écorce. Pour cela, on ne peut trop recommander d'avoir toujours sa serpette bien affilée. Après la coupe il reste quelquefois à son extrémité des bavures d'écorce qu'il faut supprimer soigneusement. La coupe doit être faite du côté opposé à l'œil sur lequel on taille, en commençant derrière lui, environ au tiers inférieur ou à la moitié de sa hauteur, et venant finir au-dessus de lui, à environ une ligne ou une ligne et demie, suivant la forme des branches, et jusqu'à deux lignes pour celles qui sont très-grosses. Il faut éviter les coupes trop obliques qui, ainsi que les coupes trop rapprochées, éventent la sève. Une coupe trop éloignée n'est pas recouverte par l'écorce; l'extrémité se dessèche et présente un onglet qu'il faut couper plus tard. C'est un ouvrage à faire en deux fois, quand on pouvait le faire en une seule.

La sève se porte toujours aux extrémités des branches, et quand une branche est coupée, l'œil qui, par la coupe, devient *terminal*, est aussi celui que la sève développe avec le plus de vigueur. Ceux qui viennent après lui participent d'autant plus à cette abondance et à cette vigueur de sève qu'ils sont plus rapprochés de lui. C'est d'après

ce principe que, dans la formation de l'arbre, on désigne
toujours l'œil terminal de la coupe pour prolonger la
branche à bois. Cette destination, qui le rend très-important, indique qu'il ne faut pas faire sur lui une coupe trop
rapprochée, coupe qui l'affaiblirait et même pourrait le
faire périr. Dans le doute il vaudrait mieux que la coupe
fût trop loin de l'œil ; le risque d'avoir un chicot à receper
est un mal bien moindre que le danger de compromettre
la vigueur de l'œil terminal et de la branche à bois qui
en doit naître.

Onguent de Saint-Fiacre. — C'est tout simplement un
mélange de bouse de vache et de glaise. Je connais même
des jardiniers qui, au printemps, suppriment sans inconvénient la glaise quand les vaches n'ont pas encore été
aux champs et que leur fiente n'est pas trop liquide.

Toutes les coupes, soit à la serpette, soit à la scie, rafraîchies par la serpette, doivent être immédiatement recouvertes d'onguent de Saint-Fiacre. Cette application a
pour objet de préserver la coupe du contact de l'air. Les
recettes, à cet égard, abondent dans tous les livres de jardinage. Je donne la préférence à l'onguent de Saint-Fiacre
pour plusieurs raisons : 1º. parce que, dans presque
toutes ces recettes, il entre des corps gras qui, comme
l'a observé Calvel, peuvent nuire aux arbres; parce que,
presque toutes ces compositions ne peuvent s'appliquer
qu'avec le secours de la chaleur, et par conséquent l'attirail d'un réchaud, c'est-à-dire avec des soins et des peines
dont l'incurie de nos jardiniers ne s'accommodera jamais.
Il est bien plus simple, plus facile et à peu près aussi utile
de se servir de l'onguent de Saint-Fiacre qui, dans tous

les temps, est à la portée de tous les ouvriers, et qui n'exige aucun attirail embarrassant.

Je joins ici, pour les cas graves et pour les amateurs soigneux, la note des compositions recommandées par divers auteurs. Je ferai observer, pour celle de Forsyth, qu'elle est plus particulièrement destinée à la guérison des maladies des arbres. Elle a paru, en Angleterre, si importante et si utile, que la Chambre des communes a cru devoir voter une adresse au roi pour le supplier d'accorder à l'auteur de cette découverte une récompense nationale, ce qui a eu lieu. Nos jardiniers français, qui jouissent gratuitement de cette découverte, ne paraissent pas y avoir attaché autant de prix que les horticulteurs anglais ; car on n'en trouve la recette dans aucun de nos livres d'horticulture. Cependant son efficacité contre les chancres et les plaies des arbres malades est constatée d'une manière certaine. Quant à son application aux coupes ordinaires de la taille, elle serait sans doute trop longue pour ne pas dégoûter nos jardiniers (1).

---

(1) 1º. Poix résine et cire jaune en égale quantité.

2º. Une livre de poix de Bourgogne, un quart de poix noire, deux onces de cire jaune, deux onces de résine, une demi-once de suif de mouton. C'est la composition dont on se servait dans l'établissement du Luxembourg. M. Dalbret conseille la même recette ; seulement il supprime tout-à-fait le suif comme dangereux, et il double la quantité de cire et celle de résine ;

3º. Un tiers de poix noire, un tiers de cire jaune, un tiers de suif ; le tout mélangé avec une quantité égale de briques pulvérisées et tamisées très-fin.

Ces diverses recettes, données par M. Noisette, exigent que les

En fait de taille, *rapprocher*, c'est raccourcir un bourgeon ou un rameau ; *ravaler* est une opération plus sévère qui consiste en une coupe faite sur le vieux bois ; *receper* enfin est, comme chacun sait, une coupe faite sur la naissance d'une des branches de l'arbre ou sur le tronc lui-même.

Quand un arbre a été taillé, il faut bêcher légèrement ou ratisser le terrain de la plate-bande qui, pendant l'opération, a été piétiné par l'ouvrier.

ingrédiens soient fondus à un feux très-doux, et nécessitent, au moment de s'en servir, l'emploi d'un réchaud portatif.

Ce dernier assujétissement n'existe pas dans la recette suivante de M. Stanislas Beaunier :

4º. Trois onces de poix noire, cinq de goudron, trois de thérébentine de Venise, trois de cire et deux de bouse de vache sèche mise en poudre et tamisée. Il suffit de mouiller les doigts pour toucher l'emplâtre qu'on applique froid.

Recette de Guillaume Forsyth, jardinier anglais :

5º. Une mesure de bouse de vache, une demi-mesure de plâtre (celui des plafonds de chambre est le meilleur), une demi-mesure de cendres de bois, et le seizième de la même mesure de sable de rivière ou autre : ces trois derniers objets doivent être tamisés. Le tout sera parfaitement mélangé avec une spatule de bois.

On peut employer cette composition dans la consistance de mortier et sous la forme d'emplâtre. Mais il est plus avantageux d'en faire usage sous une forme plus liquide. Pour cela on la délaie avec de l'eau de savon ou avec de l'urine jusqu'à ce qu'elle ait la consistance d'une peinture un peu épaisse. On l'applique alors avec un pinceau. On secoue dessus de la cendre de bois mélangée avec un 6me de cendres d'os brûlés. On peut, pour plus grande commodité, mettre cette poudre dans une fiole ou bouteille couverte d'un parchemin ou papier, percé de trous. Quand la composition liquide est bien couverte de cette poudre sèche, que l'on bat légèrement

DU PINCEMENT.

On pince les bourgeons quand ils ont de trois à six pouces de longueur. Quelquefois on se borne à retrancher l'extrémité herbacée de la pousse. D'autres fois on ne laisse qu'un pouce ou dix-huit lignes entre la naissance du bourgeon et la coupe. Entre ces deux extrémités, l'opération peut être plus ou moins sévère, et l'on se règle à cet égard sur le besoin des circonstances.

Le pincement peut se faire de deux manières : dans la première, on coupe avec les ongles du pouce et de l'index ou avec un instrument tranchant quelconque; c'est la méthode la plus ordinaire. Dans la seconde, on comprime d'abord, avec les deux doigts, l'extrémité du bourgeon, et l'on coupe ensuite au milieu de la partie comprimée.

---

avec la main, on laisse pendant une demi-heure la poudre absorber l'humidité ; on répète alors l'application de la poudre jusqu'à ce que l'emplâtre présente une surface sèche et unie.

A défaut de platras, on peut prendre de la craie pilée ou même de la chaux commune éteinte au moins depuis un mois.

Avant de faire l'application du remède sur les plaies des arbres, il est nécessaire d'enlever avec un instrument tranchant toutes les parties malades, de manière qu'il ne reste dans l'écorce, l'aubier et le bois, aucune trace de chancre. Si l'on voulait conserver pour quelque temps une partie de la composition, il faudrait verser dans le vase qui la contiendrait de l'urine en suffisante quantité pour que la composition ne fût pas en contact avec l'air, ce qui diminuerait son efficacité.

L'application de l'onguent doit être renouvelée tous les ans sur la plaie jusqu'à ce qu'elle soit guérie.

6*

Cette forte compression opère une espèce de désorganisation dans la partie qui reste au-dessous de la coupe et occasionne pour la sève une sorte d'embarras qui ralentit son mouvement bien mieux qu'une coupe nette opérée sans compression ou écrasement de l'extrémité. C'est, dit M. le comte Lelieur, une nuance délicate dont un jardinier doit se servir à propos et dans les circonstances où le pincement devient très-important.

D'après tout ce que nous avons dit sur le pincement, particulièrement dans la notice historique sur les progrès de la taille, on voit que c'est une opération de prévision plutôt qu'un moyen curatif. Il ne faut donc pas attendre pour en faire usage que les bourgeons aient atteint une longueur considérable et qu'ils soient passés à l'état ligneux; dans ce cas le bourgeon naissant ayant eu le temps de former des yeux, ces yeux donneraient à la sève des issues faciles, par lesquelles elle s'échapperait au lieu d'être refoulée dans la branche qui porte le bourgeon, et le but de l'opération ne serait atteint que partiellement.

Cette opération de prévision exige un peu de surveillance pour les parties qui doivent naturellement être suspectes au jardinier. Ainsi l'on sait que, dans une branche de charpente horizontale, tous les bourgeons qui naissent sur la partie supérieure ont plus de tendance à la force que ceux qui viennent sur la partie inférieure. Ce seront donc les bourgeons supérieurs des branches, ce seront les endroits où les branches commencent à s'incliner, où elles forment des coudes, que le jardinier surveillera particulièrement. Un œil tant soit peu exercé ne se méprendra point sur les dispositions d'un bourgeon à devenir gourmand.

Un premier pincement ne suffit pas toujours pour arrêter l'accroissement immodéré d'un bourgeon. On pince alors une seconde fois, et il est rare qu'on soit obligé de recommencer une troisième.

Presque tous les faux bourgeons doivent être pincés. Ce pincement a lieu au-dessus de leurs deux premières, de leurs troisièmes ou quatrièmes feuilles; il nourrit et fortifie les yeux supplémentaires que les faux-bourgeons ont communément à leur naissance et qui s'éteignent facilement; mais il ne faut rien outrer. Pour avoir trop pincé de faux-bourgeons, j'ai vu quelquefois, non seulement la totalité des yeux du bourgeon se développer, mais encore les yeux supplémentaires des faux-bourgeons eux-mêmes s'ouvrir de telle manière, qu'à défaut d'yeux sur un bourgeon de prolongement, on se trouvait forcé, l'année suivante, de tailler sur un faux-bourgeon. Pour prévenir de pareils inconvénients, il faut ne pincer que les faux-bourgeons de dessus et en laisser par-dessous pour amuser la sève dans ses moments de fougue. Ces derniers, à raison de leur position, nuisent peu au bourgeon qui les porte, et s'ils prenaient une certaine force, on pourrait toujours les utiliser, à la taille suivante, comme branches à fruit.

Le pincement, en enlevant l'extrémité herbacée du bourgeon, prive la sève de son issue naturelle. Pour qu'elle puisse reprendre son cours, il faut qu'elle ait formé un œil nouveau, ce qui exige un certain temps; mais en attendant les racines continuent d'envoyer dans les branches la même quantité de sève; la portion destinée au bourgeon pincé ne pouvant ni s'écouler dans ce bourgeon ni rester immobile au milieu du mouvement général qui existe dans les branches, se trouve entraînée par ce même mouvement vers une autre destination. De nouveaux conduits s'établissent pour elle, et plus tard, quand le bourgeon pincé aura formé ses nouveaux moyens de développement, il ne recevra plus la même quantité d'aliments.

Le pincement produit donc deux effets : d'une part il diminue, il modère la force d'accroissement des bourgeons qu'on juge devoir devenir trop vigoureux, et de l'autre il fait profiter les bourgeons voisins de la substance qui était primitivement destinée au bourgeon pincé. Ce changement de destination dans la sève qui n'en apporte aucun dans la quantité fournie par les racines, exige que le jardinier lui conserve des issues suffisantes. Il doit donc laisser des points où le développement de cette sève se fera librement. S'il négligeait cet objet important, la sève s'engorgerait dans ses conduits, s'extravaserait et formerait bientôt des dépôts de gomme et des chancres. Je ne m'étendrai pas davantage sur cet objet que j'ai expliqué plus au long dans la notice historique qui précède ce mémoire.

DU RAPPROCHEMENT EN VERT.

Quelquefois, par suite d'oubli ou de négligence, un bourgeon est devenu trop fort, il est trop tard pour le pincer ; il ne faut pas craindre, quoiqu'on soit en été, de le rapprocher sur les yeux inférieurs ; ce rapprochement en vert fait développer ces yeux et donne naissance à des bourgeons moins vigoureux que le bourgeon rapproché. Si ce dernier a poussé des faux-bourgeons, et qu'on soit même à la fin de juillet, on supprime moitié et plus du bourgeon, et on le rabat sur le faux-bourgeon le plus bas.

On voit que la taille en vert est le correctif d'un mal déjà accompli, et n'est plus comme le pincement un moyen préservatif. Avec le pincement, l'arbre ne perd point de substance, la sève destinée au bourgeon pincé va porter ailleurs l'abondance et la force. Dans la taille en vert, au contraire, toute la partie de branche supprimée a consommé une quantité de sève perdue en pure perte pour l'arbre. Si la taille en vert n'avait pas lieu, la branche consommerait encore plus de sève pendant le cours de l'année, et le rapprochement qui s'en ferait à la taille d'hiver suivante emporterait encore plus de bois. Le mal deviendrait tout-à-fait grave, si le bourgeon avait pris le caractère de gourmand.

Ces réflexions feront comprendre que plus on surveille un arbre pendant le cours de l'année, moins on a d'amputations à faire lors de la taille de l'hiver suivant. Cette surveillance aura donné aux diverses parties de l'arbre le degré de force ou de médiocrité qui convient respectivement à chacune d'elles. Les branches à bois ou de charpente auront pris ces fortes dimensions qu'on admire dans les jardins soignés des environs de Paris, et les branches fruitières qui, trop fortes ou trop faibles, sont impropres à la production du fruit, auront été maintenues dans le degré de force qui leur convient; mais, et on ne peut trop le répéter pour l'instruction des jardiniers, ces heureux résultats, cet état prospère de l'arbre, c'est la surveillance de l'année précédente qui les prépare beaucoup plus que la taille d'hiver. Cette dernière, toute sage et bien combinée qu'elle puisse être, n'est jamais qu'une opération préparatoire qui entraîne toujours forcément avec elle des inconvénients dont le pincement et les autres opérations que nous expliquons dans ce chapitre sont le correctif indispensable.

Le rapprochement en vert a lieu sur les branches à fruit pour plusieurs autres raisons qui appartiennent aux règles de conduite de cette espèce de branches. Je renvoie pour cet objet au chapitre qui traite particulièrement du gouvernement des branches à fruit.

DE L'ÉBOURGEONNEMENT.

Le pêcher, même en dépit des suppressions de la taille, produit encore plus de bourgeons qu'il n'en doit avoir. Il en produit de tous les côtés, et le plus souvent en opposition avec les désirs du cultivateur. Si on laissait tous ces bourgeons se développer, il en résulterait affaiblissement pour les parties qui doivent rester fortes, dérangement dans la forme de l'arbre, et confusion lors du palissage.

L'ébourgeonnement a donc d'abord pour objet de supprimer tous les bourgeons superflus ou mal placés, qui nuiraient à la vigueur comme à la forme du pêcher, et qu'il faudrait retrancher à la taille d'hiver suivante. Il prépare ainsi cette taille, il la simplifie, et, comme le pincement, il est, relativement à l'année suivante, une opération de prévoyance.

De plus, en éclaircissant des productions trop nombreuses, il procure aux bourgeons conservés les avantages de l'air sans lequel, comme nous l'avons déjà dit, il n'y a point de belle végétation.

Le principe qui a pour objet de faire perdre à l'arbre le moins de sève possible, ce principe qui fait toute l'utilité du pincement, doit servir encore de guide dans l'application de l'ébourgeonnement et dans le choix de l'époque où cette opération doit avoir lieu.

Il est bien évident que si l'on attend pour ébourgeonner que les bourgeons aient acquis, comme dans beaucoup de jardins, dix-huit pouces et plus de longueur, on fera à l'arbre des plaies plus considérables que si l'on eût ébourgeonné plus tôt ; on perdra, avec des bourgeons plus forts, une plus grande quantité de substance, dont les bourgeons voisins et tout l'arbre eussent profité. Enfin, en éclaircissant les bourgeons de bonne heure, ceux qui restent nourrissent mieux leurs yeux, et les branches à fruit développent mieux les bourgeons de remplacement, qui sont un article si essentiel dans le gouvernement de cette espèce de branche. Ces observations sont surtout importantes pour les arbres faibles et languissants.

On doit ébourgeonner quand les bourgeons ont d'un à deux pouces de longueur. Cependant si, pour les branches à fruit, on avait lieu de craindre que cet ébourgeonnement hâtif donnât trop de force au bourgeon de remplacement, il faudrait attendre. On objectera sans doute que, pour affaiblir le bourgeon de remplacement trop vigoureux, il serait plus conforme aux principes de le pincer, parce que le pincement n'entraîne aucune perte de substance, et qu'au contraire, comme nous venons de le dire, il y a.perte à laisser croître des bourgeons qu'il faudra supprimer quand ils seront devenus plus gros. Ce raisonnement est juste ; mais il faut faire attention qu'un pincement trop sévère sur le bourgeon de remplacement pourrait y faire développer les yeux du bas, ce qui serait un inconvénient grave. D'un autre côté, si le pincement seul peut suffire pour des arbres tout formés, et dont la vigueur est déjà sensiblement diminuée, il ne conviendrait pas pour de jeunes arbres chez lesquels il faut conserver à la sève des issues surabondantes. C'est donc à la pratique à donner sur ce point le juste milieu à observer ici. L'expérience apprendra au jardinier attentif que, sur les arbres affaiblis par l'âge ou par tout autre cause, il doit ébourgeonner de bonne heure les branches à fruit, sauf à pincer le bourgeon de remplacement, si, contre son attente, ce dernier prenait trop de force; et qu'au contraire, sur les arbres jeunes et vigoureux, il faut retarder l'ébourgeonnement jusqu'à ce que les bourgeons aient huit, dix et même douze pouces de longueur. Quant aux branches de charpente, on peut presque toujours, même sur les arbres vigoureux, les ébourgeonner de bonne heure, parce que, dans ces branches, il y a un bourgeon, celui de prolongement, qui peut et doit absorber toute la sève destinée aux bourgeons supprimés.

L'ébourgeonnement se fait avec les ongles, ou mieux avec la lame étroite d'un outil quelconque. Mais jamais ici, comme dans tout autre opération faite au pêcher, il ne faut arracher ou déchirer. Les coupes les plus nettes

sont toujours celles qui se recouvrent le mieux et qui préviennent les accidents de la gomme.

Les branches d'un arbre en espalier devant toutes être
appliquées contre le mur, il en résulte que tous les bourgeons qui viennent sur le devant ou sur le derrière des
branches sont inutiles, et doivent être supprimés.

Il n'y a d'exception que pour le cas où les bourgeons
de dessus ou de dessous se trouveraient trop éloignés et
laisseraient des vides sur la branche à bois. Il faut bien
alors se servir d'un bourgeon, quoique mal placé, pour
remplir ce vide. C'est une défectuosité, mais moindre que
celle du vide qu'on remplit, et, pour la masquer mieux,
il faut se servir d'un bourgeon de derrière de préférence
à un bourgeon de devant.

Le pêcher a souvent des yeux triples qui donnent triple
bourgeon. De ces trois bourgeons, le meilleur est celui
du milieu, puis celui de devant; celui de derrière est le
plus faible. Si ces bourgeons sont sur le dessus d'une
branche à bois, position où l'on a à redouter l'excès de
force plus que l'excès de faiblesse, on supprimera les deux
meilleurs bourgeons, et l'on conservera le plus faible.
Cette suppression ne se fera même que successivement
pour ne pas trop fortifier le bourgeon conservé. Par la
raison contraire, on conserverait le bourgeon du milieu,
c'est-à-dire le plus fort, dans tous les cas où l'on exige
de la force dans le bourgeon, comme par exemple lorsque
l'œil destiné à donner une branche à fruit se trouve placé
en dessous de la branche à bois, ou lorsque l'œil ou le
bourgeon qui en proviendra est destiné à prolonger une
branche à bois.

7

En ébourgeonnant, on veillera à ce qu'il y ait entre les bourgeons conservés un espace suffisant pour le palisser commodément, et pour que tous jouissent des avantages de l'air. Cette attention est essentielle principalement pour les bourgeons de remplacement dans les branches à fruit.

Les suppressions à faire sur le bois de la pousse ne peuvent porter que sur les faux-bourgeons. Les règles sont encore les mêmes : on supprime ceux de devant, ceux de derrière ; et quant à ceux de dessus et de dessous, on éclaircit seulement quand ils sont trop rapprochés. On conservera de préférence ceux qui ont leurs premiers yeux plus près de leur point d'insertion, et surtout ceux auxquels on peut reconnaître ou supposer un œil au talon.

Les faux-bourgeons ne seront pas coupés rez de l'écorce du bourgeon qui les porte, mais à une ou deux lignes de distance. On conservera la feuille qu'ils ont à leur point d'insertion. Ces précautions empêchent les plaies que la suppression du faux-bourgeon pourrait faire sur l'écorce tendre encore du jeune bourgeon.

On attend, pour ébourgeonner les faux-bourgeons, qu'ils aient plus de longueur que n'en ont, pour cette opération, les bourgeons du bois de la taille. Il y a pour cela plusieurs raisons.

D'abord, il peut arriver quelqu'accident ou maladie au bourgeon lui-même, et alors, obligé de le reprendre sur un faux-bourgeon, on s'applaudirait de ne s'être pas trop pressé de supprimer surtout ceux de devant, qui sont les plus convenables pour cet objet. En second lieu, le bourgeon, en poussant, tourne quelquefois sur lui-même, de manière que les yeux ou faux-bourgeons qui étaient d'abord sur le devant, se trouvent plus tard par dessus ou par dessous. On se trouverait donc, par un ébourgeonnement trop précipité, avoir supprimé ce qu'il faudrait avoir conservé, *et vice versâ*.

Quand le danger de ces deux inconvénients est passé, on ne peut trop se hâter d'ébourgeonner; et même pour les arbres faibles et languissants, il vaut mieux courir quelques chances en ébourgeonnant de bonne heure, que de s'exposer à affaiblir ses branches de prolongement en différant la suppression des faux-bourgeons inutiles.

DE L'ÉBORGNAGE DES YEUX OU ÉBOURGEONNEMENT A SEC.

La suppression des bourgeons, encore jeunes et herbacés, prévient, pour l'arbre, une perte fâcheuse de sève; mais il y a un moyen encore plus efficace d'atteindre ce but : c'est de supprimer l'œil lui-même avant qu'il se soit développé en bourgeon. C'est ce qu'on appelle *ébourgeonnement à sec* ou *éborgnage des yeux*. Ce moyen était trop simple, trop facile, et surtout trop conforme aux principes de l'école nouvelle, pour qu'il n'y trouvât pas un grand nombre de partisans. Cependant il y a rencontré des adversaires, et les raisons de ces derniers ne sont pas dénuées de fondement. Les choses ne se passent pas toujours sur l'espalier comme sur le papier, et la pratique éprouve souvent des mécomptes pour lesquels la prudence veut que l'on tienne des ressources en réserve. Ainsi, des yeux sur lesquels on avait compté lors de la taille, ou bien s'éteignent, ou bien, après s'être ouverts, périssent par des

accidents qui sont assez fréquents dans la culture du pêcher. On regrette alors d'avoir éborgné un œil qui pourrait remplir un vide ou remplacer un bourgeon de prolongement, et qu'à la taille on avait jugé inutile.

Mais ces raisons s'appliquent plutôt aux branches de
charpente qu'aux branches à fruit ; et nous verrons, à
l'article du gouvernement de ces dernières, que l'ébourgeonnement à sec est quelquefois utile, nécessaire même
et sans danger pour la conduite de cette espèce de branches.

LE PALISSAGE.

Palisser, c'est, dans les pays où les murs reçoivent un
enduit de plâtre de quinze lignes environ d'épaisseur,
fixer les branches d'un arbre contre le mur, avec des
loques et des clous; et dans les pays comme le nôtre, où
les murs sont couverts de treillages, c'est attacher les
branches à l'espalier avec des brins d'osier. Ceux qui n'en
ont pas se servent de petites branches de saule qui, pour
cet usage, est bien inférieur à l'osier. Les jeunes bourgeons de l'année se palissent avec du petit jonc.

Sous le rapport de l'agrément, le palissage complète et
fait valoir la belle régularité des formes que les autres
opérations ont données au pêcher. Mais il a un autre but
qui est tout d'utilité : d'abord, il défend les fruits et les
jeunes bourgeons contre le vent, qui ferait tomber les
uns et casserait les autres, comme cela arrive quelquefois
quand on attend trop longtemps pour palisser.

En second lieu, il est lui-même un moyen d'activer ou de

retenir la sève, suivant la manière dont il est exécuté. On conçoit en effet qu'une forte compression, opérée par la ligature sur une écorce encore tendre, gêne, ralentit le mouvement de la sève, et devient un obstacle au parfait développement d'un bourgeon.

Ainsi, lorsqu'un bourgeon a besoin de se fortifier, il faut éviter de le palisser de trop bonne heure, et en le palissant, éviter de trop serrer la ligature.

Par la même raison, tous les bourgeons du dessus des branches, qui ont une tendance à devenir trop forts, seront palissés plus tôt et liés plus serré que les bourgeons du dessous. Il en sera de même de quelques bourgeons auxquels on reconnaîtrait de bonne heure une disposition à devenir trop vigoureux.

On voit, par toutes ces observations, qu'un jardinier tant soit peu intelligent n'agit pas machinalement en attachant ses bourgeons, mais qu'il trouve, dans une opération qui est la plus simple et la plus facile de toutes celles auxquelles on soumet le pêcher, un moyen de modifier, suivant le besoin, l'action de la sève ; et que, tout en soutenant ses bourgeons et ses fruits, tout en leur donnant de l'air par un espacement convenable, il sait, par de légères nuances dans la manière d'opérer, affaiblir ou fortifier les diverses branches de son arbre. Et c'est ainsi que, sous le rapport de l'utilité, comme sous le rapport de l'agrément, le palissage est, pour ainsi dire, le couronnement de l'œuvre, et qu'il ajoute aux moyens de succès, en même temps qu'il étale et fait valoir les belles formes données au pêcher.

On doit, pour palisser, attendre que les bourgeons

7·

aient quitté l'état herbacé, sans quoi ils casseraient net ; et ici je dois faire observer que si l'on voulait couder une branche, le moment le plus favorable est celui où le bourgeon commence à devenir ligneux ; il se prête alors avec la plus grande facilité à toutes les directions qu'on veut lui donner. Plus tard on réussirait moins bien ; plus tôt la chose serait impossible.

En palissant, on évitera d'enfermer les feuilles sous les liens, de faire croiser les bourgeons les uns sur les autres ou sur des rameaux ou anciennes branches, à moins d'une nécessité absolue, comme lorsqu'il s'agit de remplir un vide.

Enfin les bourgeons ne doivent point être courbés, mais attachés en ligne droite sur toute leur longueur, à moins encore qu'un bourgeon n'eût besoin d'être modéré dans son accroissement : la courbure pourrait alors être employée concurremment avec une ligature serrée ; mais de pareils cas sont des exceptions, et le serrement du lien, qui ne nuit pas à la beauté du palissage, est toujours préférable quand il suffit seul.

On veillera encore pendant le palissage à écarter du mur l'extrémité de tout bourgeon qui tendrait à s'introduire entre le mur et le treillage. On retirera ceux qui s'y seraient déjà glissés.

Si, par l'effet du palissage, un fruit qui précédemment était caché sous les feuilles se trouvait à découvert, il faudrait le couvrir artificiellement avec quelques bourgeons feuillés, débris du palissage, que l'on glisserait entre le mur et le treillage ; sans cette précaution, l'impression subite et inaccoutumée du soleil et de l'air feraient brûler ou tomber le fruit.

On doit, pendant le cours de l'année, veiller à ce que la pression des liens n'occasionne pas de bourrelets sur l'écorce qui, en grossissant, renferme quelquefois les brins d'osier; ces derniers seront, au besoin, renouvelés et mis dans un autre sens ou à une autre place. Tous les brins d'osier seront même tout-à-fait supprimés avant l'hiver, et l'arbre sera suffisamment attaché par les liens de jonc posés pendant l'été sur les bourgeons de l'année.

DE LA COURBURE OU INCLINAISON DES BRANCHES.

La sève va toujours montant, et toute inclinaison qu'on lui donne ralentit son mouvement; ainsi, incliner ou courber une branche est un moyen de l'affaiblir, comme la palisser verticalement est un moyen de lui donner de l'avantage sur une autre qu'on aura inclinée. Ce moyen peut être employé sur des branches à fruit, quand l'inclinaison ou courbure ne fait pas croiser une branche sur une autre.

Mais sur les branches à bois il détruirait toute l'économie de la charpente de l'arbre, en supprimant l'espace qui doit exister entre elles. Ce n'est que dans la première ou la seconde année de sa végétation que l'on peut appliquer ce moyen à ces sortes de branches, parce qu'alors elles sont encore trop peu nombreuses pour pouvoir se gêner en quittant momentanément la place que la forme de l'arbre leur assigne invariablement; mais, dans ce cas,

c'est la totalité de la branche que l'on incline à partir de
sa naissance, et non pas un coude qu'on lui ferait faire
au milieu de sa longueur, car les branches de charpente
doivent toujours être maintenues sur une ligne droite.

DES INCISIONS DE L'ÉCORCE.

L'écorce de l'arbre se durcit quelquefois de manière à
gêner la circulation de la sève. Il en résulte engorgement,
dépôt de gomme, et affaiblissement de l'arbre. Pour y remédier, on fend l'écorce avec la pointe de la serpette ou
de tout autre instrument; l'incision doit être faite longi-
tudinalement. Dans les arbres à noyau, il faut n'ouvrir
que l'écorce et ne pas toucher à l'aubier; on met trois ou
quatre lignes de distance entre chaque incision; la sève,
débarrassée de ses entraves, ouvre, autant qu'il lui est
nécessaire, et garnit d'une écorce nouvelle la plaie qu'on
lui a faite, elle reprend sa libre circulation, et les branches
de l'arbre leur vigueur. Ce moyen remédie fort bien à la
gomme, quand sa présence tient à la cause que je viens
d'expliquer; mais alors il faut avoir le soin de couper,
sur la partie attaquée, l'écorce jusqu'au vif : l'onguent de
St.-Fiacre, ou, si l'on veut, la composition de Forsyth,
doit toujours être appliqué sur les branches ainsi traitées.

Il paraît que, du temps de Roger Schabol, on incisait
les arbres sans précaution; car il nous dit qu'*inciser les
arbres comme on le fait universellement dans le jardinage, c'est les détruire de propos délibéré.* Aujourd'hui
tous les jardiniers de l'école nouvelle sont uniformes sur

l'utilité des incisions, même pour le pêcher, cependant ce n'est point un remède indifférent pour les arbres à noyau, et l'on ne doit en faire usage que dans les cas de nécessité. Le moment le plus convenable est le printemps, quand la sève entre en mouvement.

DES ENTAILLES.

Les entailles se font dans l'épaisseur de l'aubier, au moyen de deux incisions parallèles entre elles, et toutes les deux transversales relativement à la branche qu'on entaille. Ces deux incisions peuvent descendre carrément ou se réunir en coin au-dessous de l'écorce. Elles ne font pas le tour de la branche comme l'incision annulaire ; on leur donne seulement assez de longueur pour couvrir l'œil ou la branche au-dessus desquels on les fait, et pour permettre d'enlever au-dessus d'eux une petite lanière d'écorce. On conçoit que cet enlèvement arrête la marche de la sève au point où il a lieu, et que cette dernière, ne pouvant passer outre, doit entrer dans les yeux ou branches qui se rencontrent sur ce point. Si donc on a fait cette entaille *au-dessus* d'un œil qui paraissait vouloir s'éteindre, il est évident que la sève arrêtée sur cet œil le développera avec vigueur. Par la même raison, si l'entaille était faite *au-dessous* d'un œil plein de vie, la sève ne pouvant plus arriver jusqu'à lui, il perdrait bientôt toute sa force avec la cause qui la produirait. Ce que je dis des yeux s'applique également aux branches.

Ce procédé, aussi utile qu'ingénieux, appartient tout entier à l'école moderne. L'opération que Roger Schabol décrit sous le nom de *Navrage des branches* est tout autre chose, et, suivant Schabol lui-même, ne pourrait convenir aux arbres à noyau; les entailles, au contraire, offrent pour le pêcher des ressources précieuses dans un grand nombre de circonstances, et particulièrement dans le cas où la forme de l'arbre exige impérieusement la naissance d'une branche sur un point donné où l'œil, qui devrait la produire, ne paraît pas disposé à se développer.

Je dois avertir qu'on ne doit faire aucune entaille sans la recouvrir immédiatement d'onguent de Saint-Fiacre ou de la composition de Forsyth.

Réflexions générales sur les opérations ci-dessus.

Revenons sur l'ensemble de ces opérations diverses. La première réflexion qui se présente, c'est que toutes sont une gêne, une contrariété imposée à la sève, et comme la nature est uniforme et constante dans sa marche, le jardinier qui veut la plier à ses désirs doit aussi être constant dans ses efforts. Les causes qui nécessitent le pincement, l'ébourgeonnement, le palissage, se renouvellent sans cesse; il faut donc sans cesse pincer, ébourgeonner, palisser, etc.

C'est donc une erreur de croire qu'on pince dans un certain mois, qu'on ébourgeonne dans un autre mois, etc. Une fois la végétation commencée, on pince, on ébourgeonne, on palisse presque en tous temps, ou, pour bien dire, en tout temps il faut pour le pêcher une attention et une surveillance qui quelquefois n'entraînent que très-peu de travail, et d'autres fois donnent lieu à des pincements, ébourgeonnements et palissages multipliés et simultanés.

Si un jardinier est plus de quinze jours sans visiter ses pêchers, il peut, pendant ce temps, se développer des bourgeons inutiles et dangereux; il peut survenir, dans la force relative des diverses parties de l'arbre, un dérangement notable qui nécessitera plus tard des retranchements et suppressions fâcheuses qu'un simple pincement aurait prévenus; enfin, il faut bien se convaincre de cette vérité, que c'est dans cette surveillance habituelle que consiste l'essence de la culture du pêcher, et non pas dans cette taille d'hiver, qui n'en est qu'une faible partie, et qui, comme je l'ai déjà dit, comme on ne peut trop le répéter à nos jardiniers, entraîne toujours avec elle, quelque bien faite qu'elle soit, des inconvénients inévitables pour tout le monde, inconvénients que des opérations subséquentes, et surtout le pincement, peuvent seuls corriger pendant le cours de la végétation.

Cette réflexion dégoûtera peut-être quelques propriétaires, et ce serait à tort. Un jardinier est toujours dans son jardin, et la surveillance d'un espalier n'est pas plus pénible que la surveillance des plantes potagères; dans tous les carrés d'un jardin il y a des inconvénients de plantes parasites, de sécheresses, de plant non levé, de taupes, de courtillières, etc., etc.; dans tous les carrés il faut veiller toute l'année à bêcher, semer, arroser, sarcler, tendre des piéges, etc., etc. Cette assiduité de travail n'a cependant encore dégoûté aucun propriétaire d'avoir dans son jardin les légumes qui demandent tous ces soins. Or, la surveillance de l'espalier est beaucoup moins fatigante que celle des carrés du jardin. Elle exige de l'attention, il est vrai, mais peu de peine; un coup d'ongle ou de serpette est plus facile à donner qu'un coup de bêche, de sarcloir ou d'arrosoir. La véritable, la seule difficulté est d'appliquer à propos des opérations faciles. Ce mémoire a positivement pour objet de lever, autant qu'il est en moi, cette difficulté, et je me féliciterai si le travail auquel je me livre peut, en calmant des inquiétudes mal fondées, procurer aux propriétaires de notre département les avantages d'une culture dont les produits font le plus bel ornement et de nos jardins et de nos desserts.

Une seconde réflexion à faire, c'est que si toutes ces opérations contrarient le mouvement naturel de la sève, ce n'est que sur certains points, et que loin de la gêner sur tous, la gêne partielle qu'on lui fait éprouver n'a pour objet que de faciliter et augmenter son énergie et son développement sur d'autres points essentiels. Ainsi, pendant qu'on pince sur une branche de charpente tous les bourgeons latéraux, on laisse le bourgeon de prolongement s'allonger et grossir autant que possible. Pendant que sur les branches à fruit on supprime tous les bourgeons inutiles ou nuisibles, on palisse dans toute leur longueur, sans coude et sans contrainte, les bourgeons conservés. Les opérations que j'ai détaillées ne tendent donc point à restreindre la marche de la végétation, mais à la diriger vers des points utiles. Sans ces opérations, la sève s'arrête à toutes les issues qu'elle rencontre, y forme des bourgeons vigoureux qu'il faut supprimer à la taille d'hiver suivante. Les branches à bois ne s'allongent point, et l'arbre s'épuise tous les ans par des suppressions, sans pouvoir prendre ces fortes dimensions que lui donnent au contraire les opérations qui dirigent la sève vers les bourgeons de prolongement.

Récapitulons maintenant, dans une courte énumération (pour que chacun puisse y choisir, suivant les cas qui se présentent) les diverses ressources qu'offrent pour le gouvernement du pêcher toutes les observations que nous avons faites jusqu'ici.

S'agit-il d'affaiblir? on taillera tard la partie forte, tandis qu'on taillera de bonne heure la partie faible ; — on taillera court pour faire refluer la sève dans les parties voisines ; — en attachant la branche taillée on l'inclinera vers la terre plus qu'elle ne devrait l'être par sa destination ; — par un ébourgeonnement tardif, on fera éprouver des pertes de sève ; — à l'ébourgeonnement on supprimera les bourgeons les moins utiles, et cette suppression entraînant celle de beaucoup de feuilles, diminue d'autant les moyens d'alimentation ; — on palissera de bonne heure, et les liens seront serrés ; — on chargera en fruit la branche forte pendant qu'on déchargera les parties faibles ; — pour un bourgeon de prolongement bien placé, on le rapprochera sur un faux-bourgeon plus faible que lui pour cette destination ; — dans les cas graves, on recourra aux entailles faites au-dessous de la naissance de la branche ; — enfin pour tout ce qui concerne les jeunes bourgeons, on pincera une, deux, et jusqu'à trois fois.

S'agit-il, au contraire, de fortifier une partie faible? on

8

fera tout l'opposé de ce que nous venons de dire ; ainsi on taillera de bonne heure ; — on taillera long les branches à bois pour leur procurer par là le plus de feuilles possible, et on taillera très-court les branches à fruit faibles pour ne pas disséminer la sève sur plusieurs points, et pour la concentrer sur le bourgeon de remplacement ; — en attachant la branche taillée, on la relèvera, si l'âge de l'arbre et le voisinage d'autres branches permettent ce changement de place, sinon on relèvera au moins la pousse du bourgeon de prolongement ; on ébourgeonnera de bonne heure les bourgeons qui doivent absolument être supprimés ; mais à raison des feuilles qui, comme nous l'avons dit, sont un moyen de nutrition pour l'arbre, on conservera tous les bourgeons qui pourront trouver commodément place au palissage ; — on palissera tard, et on serrera peu les liens ; — une branche, ou partie faible, sera palissée en avant du treillage sur des pieux, ou par tout autre moyen qui lui permettra de jouir librement des avantages de l'air ; — on chargera peu en fruits ou même on les interdira tout-à-fait ; — pour les yeux, comme pour les branches, on fera des entailles supérieures ; — si c'est une écorce trop endurcie et trop serrée qui gêne la circulation de la sève, on lui rendra son libre cours par des incisions longitudinales ; — enfin le pincement, qui ne permet à certaines branches de prendre que le degré de force qui leur convient, éloignera de ces branches une surabondance de sève qui tournera au profit des autres parties faibles placées dans le voisinage.

En thèse générale, l'état d'une branche dépend beaucoup de l'état des branches voisines, et à la taille, comme dans toutes les opérations qu'on fait subir au pêcher, on doit ne pas oublier que pour avoir une branche forte sur un point donné, il faut affaiblir les autres branches autour du point et par conséquent tailler d'autant plus court et pincer d'autant plus sévèrement la branche voisine, que cette dernière est plus rapprochée de celle qu'on veut fortifier.

Pour obtenir une branche faible, il faudrait agir en sens inverse. On voit, par tous ces détails, que les moyens de fortifier comme d'affaiblir une branche sont très-souvent pris en dehors de la branche elle-même.

CHAPITRE TROISIÈME.

Du gouvernement des diverses espèces de branches du Pêcher.

Les branches naissent toutes les unes des autres, et quelle que soit la forme que l'on donne au pêcher, les branches à bois qui ne peuvent plus produire ni feuille, ni œil, ni bouton, ni bourgeon, ni rameau, doivent, dans les arbres bien taillés, être couvertes dans toute leur lon-gueur, en dessus et en dessous, de branches fruitières que l'on renouvelle tous les ans. Il y a donc, dans le pêcher, des branches chargées uniquement de porter du fruit, et d'autres chargées uniquement de porter et d'ali-

menter les branches fruitières. Ces deux destinations,
très-distinctes, ont établi dans le langage des jardiniers
deux dénominations qui seraient insuffisantes pour faire
connaître les diverses époques et les caractères de la végétation du pêcher, mais qui suffisent pour la pratique,
parce que la pratique ne peut avoir pour objet que de faire
produire d'abord du bois et ensuite du fruit. Le premier
but est rempli par les *branches de charpente ;* le second,
par les *branches* dites *à fruit.* J'examinerai comment doivent être gouvernées ces deux espèces de branches; mais
il est nécessaire de les examiner séparément. En effet, on
verra que les unes, celles de charpente, doivent être longues et fortes, tandis que les autres doivent être maintenues dans un certain état de médiocrité en-deçà et au-
delà duquel elles ne pourraient produire le fruit qui fait
toute leur destination ; que dans les branches de charpente il faut veiller sur l'œil terminal de la taille qui doit
fournir le *bourgeon de prolongement,* et dans les branches
à fruit, au contraire, sur l'œil le plus près de leur naissance qui doit fournir *le bourgeon de remplacement ;*
qu'enfin les branches à fruit sont supprimées et renouvelées tous les ans, et que les branches de charpente, au
contraire, sont permanentes et durent autant que l'arbre.
Ces observations font pressentir qu'il doit y avoir des
différences très-essentielles dans la manière de gouverner
ces deux espèces de branches, et c'est, je crois, pour
n'en avoir pas traité séparément, qu'il est quelquefois si
difficile de bien comprendre les conseils donnés par les auteurs qui appartiennent aux deux premières écoles de la
taille. C'est du moins ce que j'ai éprouvé personnelle-

ment lorsque j'ai voulu, pour la première fois, m'ins-
truire des moyens de conduire le pêcher en espalier. Je
tâcherai d'épargner cet embarras à d'autres, et pour cela
je consacrerai un article particulier aux *branches de charpente*, et un autre aux *branches à fruit*.

Du gouvernement des Branches de Charpente.

Les branches de charpente sont bien des branches à
bois; mais elles ne peuvent s'allonger annuellement que
par un bourgeon qui, l'année suivante, devient un rameau. Ce bourgeon, ce rameau et le vieux bois ont tous
les trois la même destination, qui est de former une portion de la charpente de l'arbre. Or, tous les trois réunis
forment ce que j'appelle une *branche de charpente*. Les
jardiniers l'appellent branche à bois. Peu importerait s'il
ne fallait, pour s'entendre, être d'accord sur le nom de
l'objet que l'on veut expliquer.

Les branches de charpente constituant, à proprement
parler, tout l'arbre, doivent, à la taille, être allongées autant que la végétation du pêcher le permet.

1°. Parce que plus les branches seront longues, et plus
elles porteront de branches à fruit qui donneront par conséquent une récolte plus abondante;

2°. Parce que le pincement, l'ébourgeonnement, le

palissage, concentrant continuellement la sève des branches à fruit sur la branche de charpente, si cette dernière ne prenait pas un développement suffisant, la sève, comme dans le système de Laquintinie, produirait bientôt des dépôts de gomme qui détruiraient l'arbre.

De ce principe de force, pour les branches de charpente, découlent tout naturellement les conséquences suivantes :

D'abord, il faut tailler les branches sur un œil bien constitué, et jamais, à moins de nécessité absolue, sur un œil de faux-bourgeon. En second lieu, il faut prolonger ces branches sur une ligne droite, et éviter les coudes qui non seulement nuiraient à la beauté des formes, mais encore gêneraient la sève dans son mouvement.

L'œil sur lequel on taille une branche inclinée ou horizontale peut avoir quatre positions ; il peut être pardessus, et attendu que la sève va toujours montant, le bourgeon qui proviendra de cet œil s'élèvera toujours plus ou moins verticalement. Il ne continuera donc pas la ligne du rameau qui le produit, et fera un coude avec lui. C'est des quatre positions la plus mauvaise. Il faut l'éviter soigneusement.

Les trois autres sont bonnes, mais inégalement. La meilleure est celle de devant, non seulement parce que, dans cette position, l'œil suit bien la direction du rameau, mais encore parce que le bourgeon qui en provient couvre en poussant, et défend contre le soleil la coupe faite par la serpette. Cet avantage n'existe pas pour l'œil de derrière et pour celui de dessous. Si on est obligé de tailler sur un œil placé dans une de ces deux dernières positions, il faut éloigner la coupe de l'œil un peu plus qu'à l'ordinaire, et lorsque le bourgeon est bien développé, on rapproche sa coupe au point où elle aurait dû être faite primitivement.

Par les raisons que nous venons d'expliquer on voit qu'une branche verticale devrait être taillée sur un œil de devant, et, à défaut de cette position, sur l'œil placé du côté le plus longtemps exposé au soleil, pour que la coupe y soit exposée le moins possible.

J'ai dit qu'en principe il fallait tailler long les branches de charpente, et chacun demandera ce que c'est que de tailler long : est-ce un, deux, trois, quatre pieds ? La question malheureusement ne peut pas se résoudre ainsi. La longueur de la taille n'est pas une longueur absolue, mais une longueur relative qui dépend entièrement de la force du rameau sur lequel on taille. Les détails suivants donneront, à cet égard, des notions qui, rectifiées par un peu de pratique, mettront sur la bonne voie. Labretonnerie est l'auteur de ce qu'il appelle *le grand principe, la juste mesure de la taille des arbres, à ne s'y pouvoir tromper*, dit-il dans son école du jardin fruitier. Et ce principe, c'est *la taille du fort au faible, ou entre le fort et le faible de chaque branche, c'est-à-dire, au point où chacune commence à diminuer de force et de grosseur.* Cette juste mesure n'est pas toujours facile à trouver, parce que les branches diminuent quelquefois de grosseur d'une manière insensible. Je préfère, comme plus clair et plus intelligible, le conseil de M. le comte Lelieur, qui nous dit qu'*en général les branches à bois grosses et bien faites seront taillées un peu au-delà de la moitié de leur longueur, et les branches minces un peu en deçà.*

J'ajouterai cependant une observation sur ce point important. Dans une branche forte, qui a par conséquent les caractères de gourmand, les yeux les plus près de la naissance ont ordinairement peu de dispositions à s'ouvrir. Si donc on taille trop long, la sève, qui se porte toujours de préférence aux extrémités, ne développera pas ces yeux, et l'on aura des vides; c'est-à-dire que la branche de charpente ne sera pas garnie partout de branches à fruit. Ce mal est grave et presque irréparable. Je donnerai donc ici l'avis du célèbre Thouin, cité par M. Dalbret : *lorsqu'on n'est pas sûr de ses opérations, il vaut beaucoup mieux tailler trop court que trop long.* On conçoit que le *trop court* a aussi ses bornes comme le *trop long ;* et c'est pour cela que je renvoie à la pratique, en invitant à ne pas s'écarter trop du milieu de la branche recommandée par M. le comte Lelieur.

Maintenant, toutes les fois qu'après la taille le jardinier visitera son arbre, la première chose qu'il doit regarder dans une branche de charpente, c'est le *bourgeon de prolongement,* produit par l'œil terminal de la taille. En principe, et ce principe dit au jardinier tout ce qu'il a à faire, le bourgeon terminal doit dominer en force tous les bourgeons du rameau sur lequel il a poussé. C'est là le point essentiel, et pour l'obtenir, le pincement et toutes les opérations affaiblissantes doivent s'exercer sur les bourgeons du dessus du rameau, et principalement sur ceux qui, placés à son extrémité supérieure, près du bourgeon de prolongement, participeraient comme lui à l'abondance et à l'activité de la sève.

A une époque plus avancée de l'année, le bourgeon de

prolongement produira des faux-bourgeons. Après s'être assuré de son état prospère, on supprimera ceux de devant et de derrière, on pincera ceux de dessus, et on laissera ceux de dessous pour amuser la sève.

Dans le cas de quelque malheur survenu depuis la taille au bourgeon de prolongement, on rapprochera le rameau sur un autre bourgeon bien placé que l'on traitera désormais comme bourgeon de prolongement. Si c'est dans le cours de l'été, et que l'accident n'affecte que l'extrémité du bourgeon, on le rapprochera sur un de ses faux-bourgeons, placé en avant autant que possible, et c'est pour cela qu'il ne faut supprimer ces derniers que lorsqu'on est sûr de l'état prospère du bourgeon.

Dans tous les cas on sent qu'il ne faut jamais pincer un bourgeon de prolongement; que tous les procédés qui ont pour but de donner de la force lui sont applicables, et que tous ceux qui tendent à affaiblir doivent être soigneusement évités pour lui. Les autres yeux, épars sur le rameau taillé, auront aussi donné des bourgeons; mais comme ils ne doivent produire que des branches à fruit, ils seront traités comme il sera dit à l'article du gouvernement de cette espèce de branches, excepté dans le cas suivant.

Des Bifurcations. — Quelle que soit la forme que l'on veut donner à un arbre, il faut bien que les branches naissent les unes des autres, et qu'elles naissent à des points donnés, dont la position est déterminée par la forme que l'on projette. Si, pour former la charpente, on s'en rapporte à l'arbre lui-même, comme font tous nos jardiniers, l'arbre donnera ses bourgeons au hasard, forts où ils devraient être faibles, faibles où ils devraient être forts ; et comme les branches de charpente exigent beaucoup de vigueur, on ne pourra jamais les former convenablement, surtout dans le bas de l'arbre, où la sève ne se porte que lorsqu'elle y est contrainte. L'art doit donc ici aider la nature, et la première chose dont il faut s'occuper avant de donner à un jeune arbre un seul coup de serpette, c'est d'arrêter la forme que l'arbre doit avoir, et les points, les lignes, les hauteurs que ses branches de charpente doivent occuper. L'arbre, avec toutes ses formes, devrait, pour ainsi dire, être tracé d'avance sur l'espalier ; et ce dessin une fois tracé, ou au moins arrêté dans l'esprit du jardinier, ce dernier choisit chaque année des yeux qui, par leur position, et les soins qu'ils reçoivent, peuvent, dans leur développement, conduire leur bourgeon sur les points, les lignes, les hauteurs qu'on leur a fixés d'avance.

Quoique chaque forme ait ses moyens particuliers de formation, il y a cependant pour toutes certaines règles communes.

La première, et c'est à l'école moderne que nous la devons, c'est de former les branches du bas avant celles du haut, celles qui sont placées horizontalement, avant celles qui le seront verticalement, c'est-à-dire, pour parler d'une manière plus générale, celles où la sève ne circule que par force avant celles où son mouvement d'ascension la porte naturellement.

Une seconde règle commune à toutes les formes d'arbres, c'est d'observer entre les branches de charpente une distance convenable. Ces branches sont destinées à porter les branches à fruit, et les bourgeons de ces branches

à fruit doivent être palissés dans toute leur longueur, sans
former de coudes. Il faut donc entre deux branches de
charpente un espace suffisant pour contenir les bourgeons qui en proviendront; et cet espace est d'environ
deux pieds pour le pêcher. Ainsi, on fera naître successivement des branches de charpente éloignées les unes des
autres de cette distance, et si la forme de l'arbre, en les
faisant diverger, les espaçait davantage entre elles, il faudrait, par de nouvelles bifurcations, remplir l'intervalle
qui sans cela ferait un vide et une perte de terrain sur le
mur.

Pour former ces bifurcations, il faut, lors de la taille,
choisir, sur le rameau de la branche de charpente, un œil
qui, par sa position, puisse convenir pour la place que son
bourgeon doit occuper. Ainsi, si la nouvelle branche à
créer doit s'élever en dessus de celle qui la produit, l'œil
sera pris en dessus, comme il sera pris en dessous pour
la formation d'une branche de dessous, en laissant, dans
les deux cas, l'œil terminal de la taille pour prolonger la
branche de charpente.

Dans le premier cas, celui d'une branche secondaire de
dessus, le bourgeon de bifurcation, destiné à s'élever
verticalement, se trouvera placé dans une position plus
favorable que le bourgeon de prolongement qui doit continuer la branche mère. Il faudra donc modérer sa vigueur
par l'application des procédés affaiblissants, ce qui exige
autant de soin que d'intelligence, et bien souvent on n'empêche pas cette branche secondaire de dominer en force
la branche mère, résultat fâcheux qui détruit la forme de
l'arbre, et exige des ravalements nuisibles à sa prospérité.

Aussi ne se sert-on guères de bifurcations de dessus que pour des branches qui, devant être abaissées plus tard, peuvent, sans inconvénient, prendre, dans une position verticale, une force dont elles auront besoin dans la position inclinée qu'on les forcera d'occuper peu de temps après leur formation.

Quant au second cas, celui d'une branche secondaire de dessous, il faut s'attendre que le bourgeon de bifurcation qui la produit, venant en dessous du rameau, sera moins fort que le bourgeon de prolongement placé à l'extrémité, parce qu'il est évidemment dans une position moins favorable. Pour y remédier, on choisit cet œil de dessous le plus près possible de l'extrémité du rameau taillé, et par conséquent de l'œil terminal de la taille ; et pour y parvenir, il ne faut pas craindre lors de la taille d'éloigner ou de rapprocher sa coupe un peu plus qu'on ne ferait sans cela. En second lieu, on n'abaisse pas de suite en palissant le bourgeon de bifurcation à la place qu'il doit occuper, lui laissant, pendant quelque temps, prendre de la force dans cette position relevée. Du reste, on favorise ce bourgeon par tous les moyens employés pour le bourgeon de prolongement, et plus tard cette nouvelle branche sera traitée et gouvernée comme les autres branches de charpente.

On voit, par tout ce que je viens de dire, que la formation de la charpente d'un arbre ne peut pas être le produit du hasard, comme il l'est dans nos jardins ; que chaque année les pousses du pêcher qui se présentent à la taille doivent être le résultat des calculs et des travaux de l'année précédente. A l'époque de la taille, et pendant tout le cours de l'année, le jardinier ne doit donc visiter son arbre qu'avec un plan arrêté d'avance, plan auquel se rattache tout ce qu'il doit faire sur chaque branche; et nos jardiniers, qui arrivent devant un arbre, munis de serpettes, de scies, d'osier, d'onguent de Saint-Fiacre, et qui se mettent à l'ouvrage sans savoir la forme qu'ils veulent donner à leur arbre, me paraissent ressembler beaucoup à un voyageur bien monté, bien équipé, qui se met en route sans savoir où il va, et qui s'en remet à son cheval du soin de connaître les points où il doit se détourner, et le lieu où il doit s'arrêter. Il résulte du chaos dans lequel les divagations jettent les formes de l'arbre, que l'on ne peut plus y distinguer ni branche de charpente, ni branche à fruit; que chaque branche se prolonge annuellement en vieux bois, sans porter de bourgeon ailleurs qu'à son extrémité; il n'y a plus ni bonne ni mauvaise forme, il y a absence de forme. Qu'on choisisse donc, avant tout, une forme d'arbre quelconque, et quand on aura un plan arrêté, alors on pourra se mettre à tailler, pincer, ébourgeonner, etc., parce qu'alors on saura dans quelles vues on travaille, et par suite comment on doit travailler.

Du gouvernement des branches à fruit.

J'ai compris, sous le nom de *branches de charpente,* non seulement le *vieux bois*, qui compose, en majeure

9

partie, cette branche, mais encore le *rameau* et le *bourgeon* qui la terminent, et qui, comme le *vieux bois*, ont pour destination de former la *charpente* de l'arbre.

J'avertis maintenant que sous le nom de *branche à fruit* je comprends non seulement le *rameau* qui, seul à raison de son âge, peut produire du fruit, mais encore les *bourgeons* qui naissent de ce rameau et la portion de *vieux bois*, dite *branche coursonne*, sur laquelle le rameau a poussé, et je les réunis ainsi sous la même dénomination, parce que ces trois parties, très-distinctes d'ailleurs par leur âge, ont, dans leur existence, le même but qui est la production du fruit.

Le gouvernement des branches fruitières repose, comme celui des branches de charpente, sur quelques principes très-simples, mais dont la connaissance est indispensable, et que je dois rappeler ici :

1º Un bouton à fleur, qui n'est pas accompagné ou surmonté d'un œil à bois, ne peut pas amener de fruit. Ainsi on ne taillera jamais sur un bouton qui serait dans ce cas ;

2º Les branches à fruit doivent être espacées sur la branche de charpente d'environ 4 à 6 pouces ; cet intervalle suffit, mais il est nécessaire pour pouvoir palisser commodément les bourgeons qu'elles produisent, et pour les faire jouir de l'air dont ils ne peuvent se passer ;

3º Les branches à fruit doivent être renouvelées tous les ans par des bourgeons nés le plus près possible de la naissance du rameau qui les produit.

Ce dernier point, qui renferme ce qu'il y a de plus essentiel dans le gouvernement des branches à fruit, mérite toute l'attention des jardiniers et les détails où nous allons entrer.

Nous avons déjà dit au chapitre de la végétation du pêcher que les rameaux ou branches âgées d'un an pouvaient seuls produire des bourgeons et des fruits. Nous avons ajouté qu'après cette production le rameau n'était plus qu'une branche à bois uniquement propre à conduire la sève dans les bourgeons et rameaux auxquels il avait donné naissance.

Il en résulte que les branches du pêcher ne donnent de fruit qu'une seule fois, et que l'année où elles l'ont donné étant écoulée, le fruit ne peut plus être pris que sur les bourgeons venus en même temps que le fruit sur ce rameau.

D'après cela, supposons qu'une branche à fruit ne soit pas taillée, comme la sève va toujours montant, elle ne fera naître des bourgeons qu'à l'extrémité supérieure de cette branche. Ces nouveaux bourgeons donneront du fruit l'année suivante; mais le rameau de l'année précédente sera désormais une branche nue, dépourvue d'yeux et de boutons, et les fruits portés sur les nouveaux rameaux seront éloignés de la branche de charpente de toute la longueur du rameau ancien. Si l'on était encore une autre année sans tailler, les fruits s'éloigneraient encore davantage de la branche de charpente, et l'on conçoit qu'en peu d'années la branche à fruit ne serait plus qu'une branche à bois très-allongée, et au bout de laquelle seulement on pourrait prendre du fruit. Alors la végétation, quittant le centre de l'arbre, ne se trouverait plus qu'à son extrémité.

Pour remédier à cet inconvénient, on ne peut pas, comme nous venons de le dire, faire porter plusieurs années de suite du fruit à la même branche, puisque la nature du pêcher s'y refuse, et qu'il faut absolument se servir, pour l'année suivante, des bourgeons que cette branche aura produits l'année précédente ; mais ce qu'on peut, ce qu'on doit faire, ce que ne font presque aucun de nos jardiniers, c'est de forcer chaque année le rameau qui a porté le fruit à produire, près de sa naissance, un bourgeon sur lequel, l'année suivante, ce rameau sera rapproché ; ce bourgeon nouveau deviendra, à son tour, branche à fruit ; à son tour, dans le cours de l'année suivante, il sera forcé de produire, près de sa naissance, un autre bourgeon qui, ainsi que ses successeurs, sera traité comme le premier. Ce bourgeon précieux est appelé *bourgeon de remplacement*. Son utilité, comme l'on voit, n'est pas seulement de produire du fruit, mais encore et surtout de concentrer tous les ans la sève sur la branche de charpente. C'est en vue de ce bourgeon que le jardinier doit tailler, ébourgeonner, palisser les branches à fruit ; c'est sur lui que son attention doit se porter d'abord quand il visite son arbre, parce que c'est l'état où ce bourgeon se trouve qui détermine toutes les opérations qui sont nécessaires sur les branches fruitières ; enfin c'est à sa prospérité que tout dans la branche à fruit doit être sacrifié, même le fruit, si ce sacrifice est nécessaire.

Maintenant, comment force-t-on une branche à fruit à fournir, près de sa naissance, un bourgeon de remplacement ? Comment doit être constitué ce bourgeon pour être propre à fournir du fruit ? C'est ce qui s'expliquera

tout naturellement dans les divers cas que nous allons
examiner successivement avec le secours de figures qui
sont nécessaires pour l'intelligence des détails que nous
allons donner.

(Fig. 5, nº 1.) — *Branche trop forte.* — Nous avons
dit qu'après la taille du rameau de la branche de charpente, le bourgeon provenant de l'œil terminal de la taille
devenait le *bourgeon de prolongement*, et qu'à ce titre il
devait être favorisé dans son développement ; nous avons
en conséquence recommandé de pincer les autres bourgeons de ce rameau qui menaceraient de le disputer en
force au bourgeon de prolongement ; mais ce pincement
est aussi utile à ces bourgeons destinés à devenir les
branches à fruit dont il éloigne une surabondance de
sève, qu'au bourgeon terminal, qui profite de cette surabondance.

En effet, supposons que l'œil placé en A sur la branche
de charpente B C se soit développé librement, et sans
avoir été pincé, il donnera un bourgeon très-fort A D,
affectant les caractères de gourmand, c'est-à-dire ayant à
sa partie inférieure ses yeux très-éloignés les uns des
autres, et ses boutons à fleurs fort loin de son point d'insertion. Si donc, on veut avoir du fruit, il faudra tailler
très-long, et alors comment avec une taille aussi allongée
pouvoir assurer près du talon un développement convenable au bourgeon de remplacement ? Pour un pareil
rameau il faut nécessairement renoncer au fruit et tailler
court sur les deux premiers yeux. Ces yeux se développeront avec vigueur ; mais un pincement sévère les maintiendra dans le degré de médiocrité qui convient ; pince-

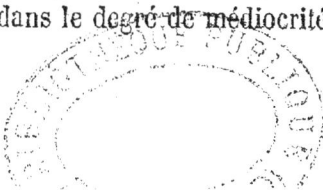

9 *

ment qu'il aurait fallu faire l'année précédente, et, pour l'avoir négligé, on perd une année de fruits, et l'arbre, de son côté, perd toute la substance renfermée dans la branche qu'on supprime.

Branche trop faible ou chiffonne. — Le n° 2 indique un rameau faible et fluet, ayant les boutons à fleurs simples et non accompagnés d'yeux à bois, excepté à son extrémité. Si on taille sur les boutons à fleurs qui sont simples, le fruit avortera, parce que ces boutons ne sont pas accompagnés d'yeux à bois, attendu qu'il n'y en a qu'à l'extrémité du rameau. Si, pour utiliser en vue du fruit, et conserver cet œil terminal de la pousse, on ne taille pas du tout, non seulement le bourgeon de remplacement se développera très-faiblement, mais encore on aura à craindre que le fruit ne fasse périr la branche. Il faut donc encore ici renoncer au fruit, et tailler court sur deux yeux au plus pour concentrer la sève sur le bourgeon du talon; et même si ce bourgeon ne prenait pas assez de force, on supprimerait pendant le cours de la végétation le bourgeon supérieur dont à la taille on aurait conservé l'œil. En suivant cette manière d'agir pendant deux ou trois ans, c'est-à-dire en taillant court et en interdisant la production du fruit, il n'y a pas de branche faible qu'on ne parvienne à rétablir et à changer en très-bonne branche fruitière; tandis que la conservation indiscrète du fruit, pendant la première année, eût ruiné la branche et occasionné sur celle de charpente un vide aussi fâcheux sous le rapport de l'agrément que sous le rapport du produit.

Dans les deux premiers exemples que nous venons de

citer on voit que l'excès de force et l'excès de faiblesse entraînent également la privation du fruit et obligent tous les deux à tailler court ; mais après la taille la branche forte est sévèrement pincée, même sur le bourgeon de remplacement ; tandis que, sur la branche faible, ce bourgeon, loin d'être pincé, est au contraire favorisé dans son développement.

N° 3. *Branche bien constituée.* — Prenons actuellement un rameau bien constitué, ni trop fort, ni trop faible, il sera *franc*, comme disent les jardiniers, c'est-à-dire que ses yeux seront peu éloignés entre eux, et que ses boutons à fleurs seront accompagnés d'yeux à bois. Son diamètre sera d'environ 3 à 4 lignes au plus (l'épaisseur d'un fort tuyau de plume), et sa longueur de 15 à 18 pouces (1).

Si ce rameau est placé en dessus de la branche de charpente, et s'il est fort, on le taillera sur le quatrième bouton à fleur ; s'il est en dessous et s'il est faible, sur le deuxième ou même le premier bouton à fleur. Du premier au quatrième bouton on variera suivant la force du rameau, et dans ce calcul n'entrent point les yeux à bois qui peuvent se trouver en dessous des boutons à fleur. Ces yeux peuvent quelquefois être en grand nombre, et de telle ma-

(1) Je dois faire observer ici que quand les arbres avancent en âge, la longueur des bourgeons diminue, et que les yeux et boutons sont plus rapprochés. Ainsi, cette mesure peut être forte sur un arbre tout formé, et faible sur un jeune arbre; c'est par cette raison que je n'indique pas la longueur de la taille par le nombre de pouces, mais par le nombre d'yeux. Ces derniers me paraissent une mesure plus exacte pour la marche de la végétation.

nière que les premiers boutons se trouvent très-éloignés du point d'insertion du rameau ; alors on a recours à *l'éborgnage*, comme il sera expliqué ci-après.

Revenons à notre taille, et suivons-en les résultats pendant le cours de l'année. La sève qui se porte toujours aux extrémités développera avec force l'œil terminal de la taille, et, dans une proportion décroissante, ceux qui le suivent immédiatement. Elle agira avec moins d'énergie sur le bourgeon du talon, qui cependant est le bourgeon de remplacement. Si donc dans les mois d'avril et de mai on remarquait que ce bourgeon restât en langueur, il faudrait pincer sévèrement les bourgeons supérieurs, sans inquiétude pour le fruit que ces bourgeons nourrissent très-bien encore en dépit du pincement. Mais si, malgré le pincement, on s'apercevait plus tard que le bourgeon de remplacement ne prît pas encore assez de développement, il faudrait retrancher un ou deux des bourgeons supérieurs, sans ménagement pour les fruits qui les accompagnent ; et dans les cas graves où ce bourgeon continuerait, par sa faiblesse, à donner des craintes fondées, il faudrait absolument renoncer au fruit sur ce rameau, et rapprocher ce dernier sur le bourgeon de remplacement ; car, comme je l'ai déjà dit, l'état du bourgeon de remplacement est l'objet essentiel dans le gouvernement des branches à fruit ; c'est le point de mire, le guide, la règle de tout ce que l'on a à faire sur ces branches, et tous les efforts doivent tendre à le faire naître le plus près possible de la branche, comme à le maintenir dans l'état de médiocrité sans lequel le fruit ne peut réussir.

N° 4. *Bourgeon de remplacement trop vigoureux.* —

Ainsi il ne suffit pas de prévenir un excès de faiblesse, il faut quelquefois empêcher l'excès contraire. Dans une branche à fruit il peut arriver que l'œil qui fournira le bourgeon de remplacement ait une tendance à prendre trop de force. La prudence veut alors qu'on l'affaiblisse par les moyens ordinaires, employés et modifiés suivant le besoin des circonstances ; savoir : diviser la sève de la branche taillée, en conservant et s'abstenant de pincer les bourgeons qu'elle produit ; palisser de bonne heure, et avec des liens serrés, le bourgeon de remplacement, le pincer et enfin le rapprocher. Ces divers moyens réunis, séparés, ou sagement combinés entre eux, préviendront l'excès de force qu'on aurait à craindre.

N° 5. *Eborgnage des branches à fruit.* — Quelquefois des rameaux, bien constitués d'ailleurs, n'ont de boutons à fruits qu'à une grande distance de la naissance de la branche. Si l'on donne à sa taille la longueur ordinaire on n'aura que des yeux à bois. Si au contraire on veut conserver du fruit, la taille aura une longueur démesurée. Pour éviter ces deux excès, on taille assez long pour conserver le fruit qu'on eût pris sur une autre branche ; mais comme alors on a une trop grande quantité d'yeux à bois, on ne conserve que les deux ou trois plus rapprochés du talon, et on *éborgne* tous les autres jusqu'aux premiers boutons à fruit conservés. Par ce procédé, le rameau, quoique taillé très-long, n'a cependant que le nombre d'yeux, et n'aura que le nombre de bourgeons qu'il aurait eus si la branche eût été bien constituée. C'est le cas où *l'éborgnage* ou *ébourgeonnement à sec* est sans danger, et où il devient utile et nécessaire.

Taille en toute perte. — Le rameau n° 6 a poussé dans une position où il gêne. Il est trop rapproché de ses deux voisins, et il doit être supprimé. Mais si la branche de charpente qui le porte est dans un état prospère, si les deux rameaux placés en deçà et au delà, par rapport à lui, sont également vigoureux; on pourra le conserver un an. On le taillera donc très-long, le chargeant de beaucoup de boutons à fleurs qu'on laissera tous sans s'occuper du bourgeon de remplacement dont on n'a que faire, et l'année suivante on le retranchera tout-à-fait. C'est ce qu'on appelle *tailler en toute perte.* Un jardinier sage ne laissera cependant prendre aux bourgeons d'un rameau ainsi traité que le développement nécessaire à la nourriture des fruits; sans cela une trop forte végétation donnerait au rameau des dimensions qui occasionneraient, lors du recépage, une large plaie qu'il est bon d'éviter.

La *taille en toute perte* est l'occasion d'une grande consommation de sève, à raison du grand nombre de fruits qu'elle procure. On conçoit d'après cela que si on la pratiquait sur des portions d'arbres faibles et languissantes, on les aurait bientôt épuisées et ruinées. Elle ne peut donc convenir que sur des parties fortes et vigoureuses, où même alors elle peut être utile comme moyen de modérer un excès de vigueur. Son emploi demande par conséquent de la réflexion et du discernement, et, dans le doute, il vaudrait mieux s'en abstenir.

N° 7. *Taille ordinaire sur une branche à fruit âgée de plus d'un an.* — Maintenant supposons qu'un rameau bien conformé ait été taillé et gouverné convenablement: au printemps suivant il présentera les résultats indiqués n° 7, savoir : l'ancien rameau, qui a porté des fruits, et le nouveau rameau appelé, l'année précédente, *bourgeon de remplacement*. La taille de cette branche consiste en deux coups de serpette, l'un qui retranche l'ancien rameau, l'autre qui réduit à six ou huit yeux le nouveau, et ce rameau nouveau sera traité et conduit comme l'ancien, et comme l'ancien il donnera ses fruits et son bourgeon de remplacement.

N° 8. *Conservation momentanée de l'ancien rameau.*— Si cependant la branche à fruit était très-forte, cette force aurait besoin d'être modérée, et les fruits peuvent rendre ici le même service que le pincement. On taillera donc sur le rameau de prolongement de l'ancien rameau pour avoir du fruit ; et quant au bourgeon de remplacement, on l'obtiendra sur le nouveau rameau, en taillant ce dernier très-court.

N° 9. *Taille en crochet.* — Une branche à fruit a deux nouveaux rameaux indépendamment de l'ancien. Si elle était faible, on ne conserverait que le rameau nouveau, inférieur, qui serait taillé à une longueur convenable. Mais elle est forte, en conséquence on taille sur les deux rameaux. Celui dont la naissance est le plus éloignée de la branche de charpente est chargé de fournir le fruit, et il est taillé suivant sa force. Le plus près, au contraire, devra fournir le bourgeon de remplacement, et il sera taillé sur le deuxième œil. C'est ce qu'on appelle la *taille en crochet* faite sur deux rameaux dont l'un est taillé court, et l'autre long.

N° 10. *Renouvellement de la totalité d'une branche à fruit.* — Il résulte quelquefois de la concentration de la sève opérée sur la branche de charpente par le rapprochement continuel des branches à fruit, qu'il survient à la naissance de la branche coursonne un œil inattendu. On voit de suite son importance comme moyen de rapprocher la branche coursonne sur le bourgeon qui proviendra de cet œil. Le jardinier doit donc de suite tailler et gouverner la branche à fruit en vue d'obtenir son développement. Ainsi il taillera plus court qu'il n'eût fait sans cela ; il pincera sévèrement les bourgeons du rameau, et même, s'il était nécessaire, il rapprocherait, pendant l'été, le rameau à fruit. Au printemps suivant, l'œil inattendu ayant donné un bourgeon, il supprimera sa branche coursonne, et le bourgeon inespéré commencera à former une nouvelle branche à fruit sur laquelle le bourgeon de remplacement sera désormais plus près de la branche de charpente qu'il ne l'était sur l'ancienne branche à fruit.

Ce que je dis du renouvellement de la totalité d'une branche à fruit s'applique également au renouvellement d'une partie plus ou moins considérable de cette branche, suivant que l'œil inattendu surviendrait plus ou moins loin du point d'insertion de cette branche sur celle de charpente.

N° 11. *Branche épuisée.* — Un rameau taillé trop long l'année précédente a été épuisé par le fruit ; malgré le pincement du bourgeon terminal, il n'a pu développer convenablement son bourgeon de remplacement, et le bourgeon de prolongement pourrait seul donner du fruit. En pareil cas il faut se rappeler que l'intérêt du fruit est toujours subordonné à celui du bourgeon de remplacement. On renoncera donc au fruit, on rabattra la branche sur la chétive pousse qu'elle a produite au talon, et cette pousse sera traitée comme une branche chiffonne (no **2**) taillée sur deux yeux si elle a quelque longueur, ou laissée sans taille si elle est trop courte.

No 12. *Branches, dites bouquets.* — J'ai déjà dit que les petites branches, dites *bouquets*, qui n'ont qu'un à trois pouces de longueur, et qui donnent les fruits les plus beaux comme les plus sûrs, ne se taillent point. S'ils sont mal placés, on les conserve au moins un an, parce qu'à raison de leur petitesse ils ne peuvent nuire à la forme de l'arbre. Si, au contraire, ils sont dans une position convenable et qui exige leur conservation, après l'année où ils auront donné leur fruit, on les traitera comme les branches chiffonnes (no **2**), et, malgré leur faiblesse, on peut, en une ou deux années, les convertir en très-bonnes branches à fruit.

Quels que soient le soin et l'intelligence avec lesquels les branches de charpente sont conduites, il arrive quelquefois que sur les rameaux qui doivent prolonger ces branches, il avorte des yeux précieux placés en dessus et en dessous et destinés à fournir des branches à fruit. Cet avortement donne lieu dans l'arbre à des vides désagréables, vides qui peuvent encore être produits plus tard par la mort inattendue de quelques branches à fruit. Il y a plusieurs moyens de remédier à cet inconvénient fâcheux.

Le premier, c'est d'utiliser un œil que sans cela on aurait supprimé à raison de sa position, mais dont on dirige la pousse vers la place vide. En pareil cas, il faut préférer les yeux de derrière à ceux de devant.

10

Le second, c'est d'écussonner.

Le troisième enfin, quand le mal provient d'une branche morte, et qu'on ne peut plus ni écussonner, ni profiter d'un œil voisin, c'est de tirer un bourgeon d'une branche à fruit placée en arrière du vide à remplir. On peut tirer ce bourgeon d'une branche de dessus comme d'une branche de dessous. Les deux manières de les utiliser sont indiquées sous les n°s 1, 1, et 2, 2, de la fig. 4, pl. 3.

CHAPITRE QUATRIÈME.

Examen des diverses formes à donner aux arbres en espalier.

D'après tout ce que nous avons dit dans les chapitres précédents, on voit qu'un arbre en espalier bien conduit, quelle que soit la forme qu'on adopte, se compose uniquement de deux espèces de branches :

1° De *branches de charpente* que l'on espace à deux pieds environ les unes des autres, et que l'on ne forme que successivement, c'est-à-dire conformément aux principes des jardiniers modernes, les inférieures et horizontales avant les supérieures et verticales ;

2° De *branches à fruit* qui sont distribuées en dessus et en dessous, ou bien à droite et à gauche de chaque branche de charpente, dans toute la longueur de ces dernières.

Maintenant, quant à la forme qu'il convient d'adopter, j'avoue qu'avec l'application sage et raisonnée du pincement, et des autres procédés usités dans le gouvernement du pêcher, le choix de telle forme, par préférence ou exclusion de telle autre, me semble beaucoup moins important qu'on ne l'a cru sous le régime de l'école de Montreuil. Cette assertion me paraît incontestable quand on voit les jardiniers de l'école nouvelle varier autant qu'ils le font dans les formes qu'ils suivent, et avec toutes ces formes obtenir des arbres sains, vigoureux et de la plus grande étendue. Cette disposition en V des deux branches mères, et à cet angle de 45 degrés, auxquels Montreuil attribuait une espèce de vertu magique pour la prospérité des arbres, sont évidemment aujourd'hui des procédés indifférents. Je ne veux pas dire par-là qu'on ne puisse, avec la forme de Montreuil, obtenir de très-beaux arbres, comme le prouve fort bien l'exemple de M. Dalbret; mais je dis qu'on en obtiendra de tout aussi beaux avec une tout autre forme, comme le prouvent les arbres de MM. Dumoutier, Corbie, etc., etc. Les formes si variées de ces jardiniers modernes nous prouvent donc que l'importance de la culture du pêcher n'est pas dans la forme donnée aux arbres, mais dans une sage application des opérations qu'ils emploient, et particulièrement du pincement. J'insiste sur cette observation, parce qu'elle n'est pas sans intérêt pour nous. En effet, nous avons presque tous, dans nos jardins, des arbres vigoureux encore, mais dont les branches ont été tellement mal conduites par nos jardiniers, qu'elles ne présentent aucune forme régulière. A raison de ce défaut de régularité, faudra-t-il les arracher? On aurait certainement tort. Non seulement de pareils arbres doivent être conservés, mais en adoptant pour chaque arbre, ou même pour chaque partie d'arbre, des formes analogues à celles que la maladresse des jardiniers leur a données, en leur faisant d'ailleurs une sage application des procédés nécessaires au gouvernement du pêcher, on est sûr, en deux ou trois ans au plus, de les voir se former d'une manière quelconque, forme singulière, peut-être, mais avec laquelle on pourra les faire prospérer et récolter abondance de fruits.

Mais, tout en admettant que la forme de l'arbre est indifférente pour sa prospérité, qu'elle l'est surtout pour les jardiniers habiles, je pense que pour le commun des ouvriers, pour l'économie du temps, et par conséquent de la dépense, les formes singulières et bizarres, qui exigent à la fois beaucoup de surveillance et beaucoup de science, ne peuvent pas être généralement adoptées. Reste donc à choisir parmi les formes régulières. Nous en connaissons trois que nous allons examiner successivement : la forme en éventail, celle en V ouvert, et celle à bras horizontaux.

La forme en éventail. (Planche 1re, figures 1 et 3.)

Elle consiste à faire partir toutes les branches de charpente d'un même point, comme dans un demi cercle tous les rayons partent d'un centre commun.

Les inconvénients de cette forme, qui fut celle de Laquintinie, sont faciles à saisir.

1º Les branches du milieu, qui sont verticales, absorbent toute la sève, et épuisent les branches inférieures.

2º Autour du centre commun, les branches de charpente, loin d'être convenablement espacées, sont toutes entassées les unes sur les autres. Il y a autour et à une certaine distance de ce point, perte de terrain pour la production du fruit.

Cette forme, avec laquelle les arbres avaient peu d'étendue et peu de durée, avait été depuis longtemps mise complètement en oubli parmi les jardiniers habiles. Mais l'école nouvelle, qui a d'autres ressources que celles de Laquintinie, l'a ressuscitée de nos jours. Voyons comment M. Dumoutier a paré aux inconvénients qui avaient ruiné le système de Laquintinie.

D'abord, au lieu d'un centre commun, M. Dumoutier en a établi deux, et pour cela il a commencé la formation de son arbre sur deux branches mères comme dans la forme de Montreuil.

En second lieu, il a disposé ses premières branches à peu près verticalement, et quand elles ont été bien nourries de sève, il les a inclinées et en a formé ses branches inférieures, bien certain d'obtenir toujours de ses deux centres des pousses nouvelles qu'il s'était ménagées d'avance parmi ses branches à fruit. Il en a fait de nouvelles branches de charpente qui ont été successivement favorisées comme les premières, et ensuite inclinées comme elles. La position verticale des branches du milieu qui, dans l'éventail de Laquintinie, épuisait les branches

10 *

inférieures, est donc devenu, pour M. Dumoutier, positivement le moyen de les fortifier, et c'est du mal lui-même dont il s'est servi comme remède.

Ce procédé, avec lequel les branches inférieures et horizontales se trouvent formées avant les branches supérieures et verticales, l'a mis à même de donner aux premières, et par suite à tout son arbre, le plus grand développement. On peut voir dans la *Pomone française* de M. le comte Lelieur le détail des moyens qu'il a employés pour y parvenir.

Dans ce mode de formation des arbres les branches de charpente devant toujours être inclinées, les premières bifurcations se prennent en dessus, ce qui exige un fréquent usage du pincement sur les nouvelles branches; car sans cette précaution la branche nouvelle dominerait en force celle dont elle sort, ce qui détruirait tout le système de l'auteur. C'est un assujétissement, et par conséquent un inconvénient, surtout si la branche verticale est destinée à prendre de suite un certain développement.

D'un autre côté, lorsque l'arbre est complètement formé et que les branches fixées à la place qu'elles doivent occuper ne doivent et ne peuvent plus être inclinées, alors celles qui occupent le milieu de l'arbre, et qui sont dans une position verticale, doivent être difficiles à gouverner. La sève qui, par sa tendance naturelle d'ascension, s'y porte avec abondance, doit souvent embarrasser le jardinier, soit dans ces branches de charpente elles-mêmes, soit dans les branches à fruit qui s'y rattachent. M. le comte Lelieur, qui explique les moyens de *former* l'arbre, ne donne pas ceux avec lesquels M. Dumoutier en *maintient* les diverses parties dans un juste équilibre, et empêche les deux branches du milieu, qui sont verticales, d'affamer les branches inférieures qui sont plus ou moins horizontales.

Il me semble qu'ici l'inconvénient reproché à Laquintinie doit se présenter, et quoiqu'il soit fortement atténué par les issues créées d'avance à la sève dans les branches inclinées, il doit cependant exiger du jardinier non seulement une surveillance très-assidue pour le pincement, mais encore des rapprochements annuels ; ce qui est un inconvénient réel.

J'ajouterai qu'à mesure que les branches s'éloignent de leur centre commun, elles s'écartent les unes des autres, et finissent par se trouver entre elles à une distance trop considérable ; alors M. Dumoutier a recours à une bifurcation que, dans ce cas, il obtient par un œil de dessous. Ces branches de bifurcation forment, avec les branches principales, un angle très-aigu qui se représente fréquemment sur la superficie de l'arbre, et dont l'inconvénient devient plus sensible aux deux centres d'où sortent toutes les branches qui constituent sa charpente. Là il y a bien peu de place pour l'intercallation des branches à fruit, et comme les branches de charpente ne fournissent ni feuilles ni bourgeons, l'absence de la verdure doit se faire sentir sur ce point. Cet inconvénient n'est pas très-important ; mais il n'existe pas dans la forme du V ouvert de Montreuil que nous allons examiner.

Forme du V ouvert de Montreuil. (Planche 1re, figure 2.)

L'inconvénient d'avoir des branches qui s'élèvent verticalement du tronc de l'arbre, a fait imaginer la suppression du canal direct de la sève et la création de deux
branches mères qui, inclinées à l'angle de 45 degrés, ne
reçoivent la sève qu'obliquement et la distribuent ensuite
à toutes les autres branches de charpente nées en dessus
et en dessous de ces branches mères. Tel est le système
de Montreuil, avec lequel on élève de très-beaux arbres,
mais qui n'est pas non plus sans quelques inconvénients.

La meilleure des formes connues est celle qui en a le
moins ; car toutes en ont, et toutes, je crois, doivent en
avoir, parce que dans toutes la sève qui tend toujours à
monter donne toujours une surabondance de force aux
branches supérieures, et surtout verticales, au détriment
des branches inférieures et plus ou moins horizontales.
La meilleure forme est donc celle qui résiste le mieux au
mouvement d'ascension de la sève.

Laquintinie, avec ses branches verticales partant du
tronc, n'a même pas cherché à lutter contre la difficulté,
et ces branches ont ruiné son système.

Montreuil a remédié au mal dans le début de la formation de ces arbres en coupant le canal direct de la sève,
et en la forçant de marcher obliquement dans ses deux
branches mères ; mais ce qu'il a fait dans le premier
moment de la formation de l'arbre, l'a-t-il continué plus
tard ? Il est facile de se convaincre du contraire en voyant

le dessin de la charpente de ses arbres (fig. 2). Il est bien
évident que les branches I H G F sont dans une position
verticale qui doit les favoriser aux dépens des branches
inférieures et horizontales A B C D, et l'on a beau dire
que ces branches sont placées verticalement sur une
branche oblique, et non sur le tronc de l'arbre, l'expérience démontre que le mal, quoique atténué, n'en reste
pas moins très-grave. Ce qui l'aggrave encore, c'est que
ces branches verticales sont formées presque en même
temps que les branches horizontales ; la branche I immédiatement après la branche A et avant la branche B, la
branche H avant la branche C, etc.

Cependant la forme dont nous donnons le dessin a été
suivie par beaucoup d'élèves de Montreuil ; on voit même
dans un ouvrage rédigé par une société d'amateurs et
imprimé en 1773, qu'elle était exigée avec une rigueur
presque mathématique, et cela à une époque où, le pincement n'étant pas en usage, il y avait peu de moyens
d'empêcher la sève de s'emporter dans les conduits verti-
caux qu'on lui présentait.

Les bons élèves de Montreuil ont senti tout ce qu'avait
de fâcheux cette disposition des branches supérieures, et
Butret, par exemple, au lieu de suivre l'exactitude mathématique des amateurs anonymes de 1773, a supprimé,
ou du moins diminué la perpendicularité de ses branches
de l'intérieur du V, en les inclinant sur la branche mère
M E ; mais on sent que la position de cette branche, qui
ne peut varier, ne permet pas une forte inclinaison sur
elle, et que, par conséquent, comme je l'ai déjà dit, le
remède est faible pour un inconvénient grave. D'un autre

côté, en inclinant la branche I à droite et la branche L à gauche, il reste dans le milieu de l'arbre un vide qu'il faut nécessairement remplir par d'autres branches qui deviennent à leur tour perpendiculaires. La difficulté reste donc telle qu'elle est, dans la forme de M. Dumoutier ; elle est reculée et non résolue.

L'école nouvelle est survenue avec son pincement et s'est emparée de la forme à la Montreuil comme de toutes les autres. M. Dalbret, qui s'en est servi, a changé sinon la forme, au moins le mode de formation. Ainsi, au lieu de créer, comme Butret, la première branche verticale immédiatement après la première branche horizontale, et ainsi de suite, il a créé d'abord et successivement toutes ses branches horizontales, et ce n'est que lorsqu'elles ont été bien formées, c'est-à-dire lorsque la sève a eu tracé de larges canaux dans lesquels son cours a été bien établi, qu'il a passé à la formation des branches verticales. Il a rendu en cela à la forme de Montreuil le même service que M. Dumoutier avait rendu à la forme de Laquintinie. Mais dans les deux systèmes, quand l'arbre est entièrement formé, il faut bien qu'en définitive il y ait des branches verticales. Comment M. Dalbret remédie-t-il aux inconvénients que ces branches présentent pendant la longue durée que le pêcher bien conduit doit avoir ? C'est ce qu'il ne dit point dans son ouvrage, où le texte comme les planches n'expliquent que la formation des branches horizontales. Je présume donc que des rapprochements rigoureux faits annuellement sur les branches verticales sont le remède employé dans ce système, comme dans celui de M. Dumoutier. S'il en est ainsi, comme je le pense, c'est un inconvénient, et l'on voit qu'il y en a dans toutes les formes, même les plus régulières, ce qui cependant n'empêche pas d'élever avec ces formes des arbres forts et vigoureux.

Mais, dit M. le comte Lelieur, *sans paraître vouloir innover, il est permis maintenant de chercher la forme la plus avantageuse*, c'est-à-dire sans doute celle qui a le moins d'inconvénients, car toutes en ont, et en attendant que de plus parfaites soient trouvées, je pense que dans l'état actuel des choses la meilleure est celle dont nous allons nous occuper.

Forme à bras horizontaux.

La forme à bras horizontaux peut n'avoir qu'une branche mère, et alors c'est la palmette, forme adoptée par nos plus anciens auteurs, et notamment par Legendre, curé d'Hénonville, auteur contemporain de Laquintinie; ou bien elle a deux branches mères qui, au lieu de présenter la figure du V ouvert de Montreuil, présentent celle d'un U (pl. 3, fig. 4), et alors c'est la forme dont se servait M. Fanon, qui nous a donné un ouvrage imprimé en 1807 (1). Dans ces deux formes, les branches mères sont verticales, et donnent successivement naissance à droite et à gauche à des branches secondaires de charpente que

(1) Des Arbres à fruit, et nouvelle Méthode d'affruiter le pommier et le poirier, par C. A. Fanon.

l'on palisse horizontalement, et que l'on garnit de branches à fruit en dessus et en dessous, au fur et à mesure que les branches de charpente s'allongent, ainsi qu'on le pratique pour les branches horizontales des formes en éventail et à la Montreuil.

Originairement la forme à bras horizontaux n'a été employée que pour couvrir des murs qui avaient plus de hauteur que de largeur. M. Fanon lui-même, qui le premier et le seul, je crois, s'est servi de deux branches mères et de la forme en U, n'a destiné d'abord cette nouvelle forme qu'à couvrir un mur de vingt pieds de hauteur ; l'essai lui a complètement réussi, et alors il a adapté sa forme à des murs moins élevés et à des arbres de basse tige qui ont occupé en largeur l'étendue que les premiers avaient prise en hauteur.

C'était sur des poiriers que M. Fanon faisait ses essais. Il ignorait, à ce qu'il paraît, l'art du pincement dont il ne parle pas, et les procédés de l'école nouvelle dont les travaux et les succès n'avaient pas encore été portés à la connaissance du public. Il ne taillait même pas, excepté les pousses latérales qui auraient pu compromettre l'existence de ses branches horizontales. La courbure des branches était le seul moyen qu'il employait, ainsi que M. Cadet de Vaux, pour former ses arbres et les mettre à fruit. Avec ces moyens qui avaient réussi sur le poirier, il a essayé d'appliquer sa forme au pêcher et aux autres arbres à noyau. Ici l'expérience a totalement manqué. Le pêcher, contrarié dans sa végétation par des courbures continuelles, s'est couvert de gourmands dont le pincement n'avait pas prévenu la naissance ; ces gourmands ont été courbés à leur tour. La sève, sans issues, s'est engorgée, extravasée, la gomme s'est emparée des arbres ; on les a remplacés par d'autres qui n'ont pas mieux réussi, et enfin M. Fanon a dû renoncer pour le pêcher à sa forme en U et à bras horizontaux ; mais, s'il n'a pas réussi, est-ce la faute de la forme ou la faute des moyens qu'il a employés ? Le pêcher est-il fait pour être torturé par des courbures continuelles ? Peut-il, en espalier, se passer d'une taille raisonnée et proportionnée à sa force de végétation ? Enfin les moyens énergiques de l'école nouvelle, qui avaient pu tirer parti de la forme vicieuse de Laquintinie, qui avaient su améliorer la forme en V de Montreuil, étaient-ils impuissants pour utiliser la forme en U et à bras horizontaux ?

Séduit par l'extrême simplicité de cette dernière forme, par la facilité avec laquelle elle se prête à toutes les diverses hauteurs des murs d'espalier, par l'uniformité des moyens à employer dans la création de toutes les branches de charpente, enfin par l'absence de toute bifurcation dans les branches secondaires, je résolus de tenter par de nouveaux procédés, ou plutôt avec les procédés de l'école nouvelle, inconnus à M. Fanon, l'essai qui lui avait si mal réussi, et le succès a pleinement justifié ma confiance dans ces procédés. Les branches mères, les branches horizontales, toutes les parties de l'arbre se sont successivement formées avec autant de facilité que dans aucune autre forme, et les arbres ont pris le plus grand développement.

Le succès est sans doute la meilleure raison à donner en fait de culture ; mais ici le raisonnement vient à l'appui des faits. En effet, pourquoi la forme à bras horizontaux

11

ne serait-elle pas susceptible de prendre autant d'étendue que celle en **V** de Montreuil?

M. Dumoutier et M. d'Albret ont, dans leurs systèmes, des bras horizontaux. Ils en ont tous les deux dans la partie la plus basse de l'arbre où il est le plus difficile de les former; et cependant, dans ces deux systèmes, les bras horizontaux ont une longueur remarquable. Qui peut plus peut moins, et si les bras horizontaux peuvent être créés dans le bas de l'arbre, à plus forte raison doivent-ils bien réussir dans les étages supérieurs.

M. le comte Lelieur dit, sur la forme à bras horizontaux, *qu'elle ne prend pas autant d'étendue que celle en* **V**. Aussi ajoute-t-il plus loin qu'elle exige des murs qui aient au moins neuf pieds d'élévation, et une plantation où les arbres soient espacés à douze pieds au plus les uns des autres. Evidemment l'auteur avait perdu de vue les procédés par lesquels, dans le système de M. Dumoutier, qu'il explique très-bien, on parvient à former, dans le bas de l'arbre, deux bras horizontaux de plus de vingt pieds de longueur chacun ; car évidemment aussi ces procédés, ou des procédés analogues, peuvent être appliqués à tous les bras horizontaux que l'on veut créer, à quelque hauteur qu'on désire les faire naître.

Quant à l'assertion que la forme en **U** ou à bras horizontaux ne peut pas prendre autant d'étendue que celle en **V**, je suis d'une opinion diamétralement opposée, et indépendamment de la preuve irrécusable que j'en ai dans les arbres que je cultive sous cette première forme, un raisonnement bien simple suffira pour démontrer la vérité sur ce point.

Dans la forme en V, chacune des deux branches mères devant être placée sous l'angle de 45 degrés se trouve être la diagonale d'un carré parfait qui aura par conséquent autant de hauteur que de longueur. Ainsi, en supposant au mur d'espalier, comme cela a souvent lieu dans nos jardins, une hauteur de sept pieds, ce carré ne donnera pour chaque moitié de l'arbre que sept pieds d'étendue, ou, ce qui est la même chose, que quatorze pieds d'étendue pour la totalité d'un arbre espalé sur un mur de sept pieds. Par la même raison, un mur de huit pieds ne comportera qu'une étendue de seize pieds, et un mur de neuf pieds, une étendue de dix-huit. Si l'on veut ajouter à cette étendue, il faut nécessairement, ou bien abaisser la branche mère au-dessous de l'angle de quarante-cinq degrés, et alors on abandonne la forme en V de Montreuil, ou bien il faudra allonger les branches de charpente placées en dehors du V, et alors on rentre dans le système des bras horizontaux. Mais, si l'on reste dans la forme en V de Montreuil, l'arbre ne peut évidemment avoir en étendue que le double de la hauteur du mur.

On conçoit qu'il n'en est pas de même pour la forme en U. Non seulement on peut, avec cette forme, proportionner le nombre de ses bras horizontaux à l'élévation de son mur, en avoir beaucoup sur des murs très-élevés, et moins sur des murs moins hauts ; mais encore on sent que l'on peut donner à ses bras telle longueur que la qualité du terrain comporte, sans que, pour étendre son arbre, on soit obligé d'abaisser des branches voisines, d'en faire bifurquer d'autres, ou de déranger en rien les formes de l'ensemble ou des portions de son arbre.

Ce qui probablement aura induit en erreur, dans le jugement qu'on a porté jusqu'à ce jour sur la forme à bras horizontaux, c'est que jusqu'à ce jour aussi ceux qui l'ont employée n'ont jamais eu le soin d'attendre, pour former leurs étages supérieurs, que les étages inférieurs eussent reçu un développement suffisant. Cette attention très-simple, qui tient aux principes de l'école nouvelle, a permis à M. Dumoutier d'utiliser une forme assez vicieuse, celle de Laquintinie; à M. Dalbret, d'améliorer la forme de Montreuil, et je puis assurer les personnes, qui comme moi voudront s'y astreindre, qu'elles trouveront dans la forme en U des avantages qui la leur feront préférer aux autres formes connues.

Ces avantages sont :

1° La facilité avec laquelle, comme nous venons de le voir, cette forme se prête à toutes les hauteurs du mur (1).

2° Cette forme convient aux arbres fruitiers à pépin

---

(1) Je dois ici ajouter une observation. Les bras horizontaux occupant avec leurs branches à fruit de dessus et de dessous un espace de deux pieds, il est possible qu'un mur n'ait pas juste un certain nombre de fois deux pieds, mais une fraction en sus plus ou moins considérable. En pareil cas, en formant son arbre, on supprime à un ou plusieurs étages les branches à fruit inférieures, et alors on peut rapprocher, en totalité ou en partie, ses bras horizontaux qui, au lieu d'être à deux pieds, ne se trouveront plus qu'à 15 ou 18 pouces; car il faut remarquer que la sève tendant toujours à relever les branches inférieures ainsi que les branches supérieures, ces derniers occupent dans les deux pieds d'intervalle des bras plus d'espace que les inférieures, et que par conséquent la suppression des branches inférieures ne doit pas diminuer de moitié l'intervalle de deux pieds.

comme aux arbres fruitiers à noyau. Le succès de M. Fanon sur les premiers ne laisse aucun doute à cet égard.
Encore M. Fanon ne se servait-il que d'un moyen très-
insuffisant et très-incommode, la courbure des branches,
et s'il eût employé le pincement et les procédés de l'école
nouvelle qu'il ignorait, il eût certainement obtenu plus de
régularité et plus de facilité dans ses succès. Maintenant
si l'on fait attention que les bras horizontaux sont la forme
propre à la culture des treilles, on reconnaîtra qu'elle peut
convenir à peu près à tous les arbres. Je sais bien que
cette forme n'ôtera pas à quelques-uns d'entre eux le caractère qui leur est propre; ainsi le prunier conservera ses
habitudes sauvages et rebelles, que toujours il apporte sur
l'espalier; l'abricotier sous la forme en **U**, comme sous
tout autre, fera, par ses pertes imprévues, le désespoir
des jardiniers habiles, et, par ses ressources inespérées,
le triomphe des maladroits; mais tous ces caprices tiennent
à la nature de l'arbre et non à la forme qu'on leur donne.

Quant au pêcher qui, comme le dit très-bien l'école
nouvelle, est, après la vigne, le plus docile et le plus
agréable à conduire, il prendra avec les bras horizontaux
et la forme la plus régulière et toute l'étendue que l'on
peut désirer.

J'ajouterai, et on le conçoit aisément, que pour chaque
espèce d'arbre il faut espacer plus ou moins les branches
de charpente suivant la longueur des branches à fruit qui
doivent se placer dans leur intervalle : ainsi on mettra
2 pieds pour le pêcher, 7 ou 8 pouces pour le poirier, autant pour le pommier, 15 pouces environ pour l'abricotier, etc., etc.

11 *

3° L'extrême simplicité de la forme qui résulte du parallélisme de toutes les branches de charpente. Les deux branches mères sont à deux pieds l'une de l'autre ; les branches horizontales sont partout entre elles à la même distance. Tout y est également garni de verdure, de branches à fruit, et l'on n'y voit pas, comme dans la forme en éventail, de ces points où les branches de charpente viennent se réunir en grand nombre et sous des angles très-aigus qui empêchent d'y placer, comme dans les autres parties de l'arbre, la verdure et les fruits des branches fruitières.

4° Dans les formes en V et en éventail qui ont des branches secondaires, verticales, diagonales et horizontales, les moyens de direction varient nécessairement suivant la position de ces diverses branches. Dans la forme en U, au contraire, les branches secondaires de charpente étant toutes placées de la même manière, les procédés sont aussi les mêmes, soit pour les faire naître, soit pour les gouverner quand elles sont venues. Cette uniformité de procédés dans la conduite de l'arbre est un avantage précieux pour beaucoup de jardiniers chez lesquels il faut souvent rapprocher la science de la routine.

5° La forme en U a, comme toutes les autres formes, l'inconvénient du mouvement d'ascension de la sève, et par conséquent celui des branches verticales ; mais (et c'est ici, je crois, un de ses principaux avantages) cet inconvénient y est moins sensible, il y est plus concentré sur un seul point, et les moyens qui doivent remédier au mal y sont d'une application plus facile et plus énergique, n'entraînant pas comme dans les autres formes la nécessité de rapprochements fâcheux et de coupes faites sur le vieux bois. Ceci résulte d'abord de ce qu'il n'y a que deux branches verticales, et en second lieu de la lenteur et de la manière avec laquelle ces deux branches sont formées.

Dans les autres formes, les branches verticales n'aboutissent qu'à des extrémités verticales où la sève conserve toute son énergie, et cette énergie ne peut y produire que des résultats fâcheux pour l'arbre, parce que ces extrémités sont des branches à fruit, pour lesquelles l'excès de force est un défaut. Dans la forme en U au contraire les branches mères verticales aboutissent sur toute leur longueur à des branches horizontales qui, étant des branches de charpente, exigent positivement, absorbent et utilisent cette énergie de la sève. Sans doute on peut pincer dans toutes les formes; mais dans la forme en U, en pinçant les branches fruitières de la branche mère verticale, la sève trouve à côté des branches pincées une issue dans une branche horizontale; tandis que dans les autres formes elle n'en trouve point; aussi les branches verticales des formes en éventail et en V prennent-elles toujours, malgré le jardinier, un excès de développement qui exige d'abord qu'on les incline, et comme on est obligé d'en laisser croître d'autres à leur place pour remplir le vide occasionné par ces abaissements, les branches qui les remplacent ne pouvant plus être inclinées, il faut, de toute nécessité, recourir à des rapprochements et des suppressions qui sont pour l'arbre des pertes annuelles de substance, pertes qui n'existent pas dans la forme en U.

6° Enfin la forme en U est susceptible, autant et plus qu'une autre forme, de tout le développement que la bonté du terrain peut comporter, et, pour obtenir ces fortes dimensions, il suffit de laisser allonger des lignes droites et parallèles, sans être obligé ni d'amputer, ni de surbaisser, ni de bifurquer d'anciennes ou de nouvelles branches.

Si, contrairement à mon opinion, ces avantages n'établissent pas une véritable supériorité de cette forme sur toutes les autres, il me paraît au moins incontestable qu'ils la font marcher de pair avec les meilleures. Le mode de formation des autres est connu par d'excellents ouvrages répandus dans le public. J'invite les amateurs à étudier, pour la forme en éventail, les procédés de M. Dumoutier détaillés dans la *Pomone française* de M. le comte Lelieur, et, pour la forme en V, ceux de M. Dalbret expliqués dans son *Cours théorique et pratique de la taille des arbres fruitiers,* deux ouvrages dont j'ai déjà parlé ; mais la forme en U n'ayant encore été appliquée par personne à la culture du pêcher, je crois faire plaisir en donnant le détail du mode de formation que j'ai suivi et dont j'ai obtenu les résultats les plus satisfaisants. Ce sera le sujet du chapitre suivant.

CHAPITRE CINQUIÈME.

Mode de formation des arbres pour la forme en U.

Prenons un jeune pêcher au moment de sa plantation, et suivons-en tous les développements année par année.

Première année de la taille, ou année de la plantation.
(Fig. 6.)

Le travail de cette année dans la forme en U, comme dans presque toutes les autres formes, a uniquement pour objet de diviser l'arbre en deux parties égales.

(Fig. 6.) En conséquence, à l'époque de la taille qui est, comme nous l'avons dit, du 15 février au 15 mars, la tige du jeune arbre sera coupée à environ cinq ou six pouces au-dessus de la greffe, sur un œil de devant ou des côtés, mais non sur un de derrière; ce qui placerait la coupe du côté du soleil.

Les yeux qui se trouvent au-dessous de la coupe se développeront. A la fin d'avril on choisira deux bourgeons placés l'un à droite, l'autre à gauche, et l'on supprimera tous les autres.

On laissera ces deux bourgeons grossir et s'allonger sans les gêner ni contraindre jusqu'à ce que leur longueur puisse faire craindre qu'ils ne soient cassés ou endommagés par le vent. Alors seulement ils seront attachés au treillage.

Si, pendant le cours de leur développement, l'un d'eux annonçait devoir prendre plus de force que l'autre, le faible serait palissé verticalement, le fort serait plus ou moins incliné. On palisserait ce dernier de bonne heure et à ligatures serrées. Le contraire aurait lieu pour le bourgeon faible. Il est d'une importance majeure que les deux bourgeons soient d'une force à peu près égale, parce que chacun d'eux doit donner une moitié de l'arbre, et la régularité exige que les deux moitiés soient aussi égales que possible.

Ainsi, si, malgré les soins du jardinier, si, par négligence ou par accident, un des deux bourgeons se trouvait à la fin de l'année sensiblement plus fort que l'autre, il faudrait à la taille suivante supprimer le plus faible, redresser l'autre, le tailler comme la tige de l'année précédente, sur les yeux inférieurs, et déterminer sur cette nouvelle tige la sortie de deux bons bourgeons, qui seraient traités comme nous venons de l'indiquer; mais alors on aurait perdu une année entière.

Dans le cas où les deux bourgeons pousseraient convenablement, on évitera de contrarier en aucune manière leur développement. On ne supprimera de leurs faux bourgeons que ceux qui gêneraient au palissage, et on tâchera de conserver, sans qu'ils s'ouvrent, leurs yeux d'en bas; attention qu'il faut avoir pour tous les bourgeons de prolongement des branches de charpente pendant tout le temps que dure la formation de l'arbre. Si cependant quelques yeux s'ouvraient en faux bourgeons, ces faux bourgeons devraient être pincés, comme nous l'avons expliqué à l'article du pincement. L'angle formé par les deux bourgeons sera très-peu ouvert au palissage, assez seulement pour pouvoir palisser commodément toutes les pousses de l'année. Il sera utile pendant les grandes chaleurs d'arroser quelquefois le pied du jeune arbre dont les racines ne sont pas encore bien solidement établies en terre.

Deuxième année de la taille. (Fig. 7.)

Au commencement de la seconde année, l'arbre présentera deux rameaux tels qu'on les voit dans la figure 7.

Du quinze février au quinze mars on dépalissera son arbre, et on nettoiera l'espalier des feuilles mortes et autres débris qui seraient tombés entre le treillage et le mur. (Ces soins doivent précéder la taille de chaque année). On rabattra le chicot de bois qui pourrait se trouver encore au-dessus de l'insertion des deux rameaux sur la tige.

Il faudra ensuite tailler les deux rameaux. (Comme les deux moitiés de l'arbre sont en tout traitées de la même manière et d'après les mêmes principes, l'explication donnée pour une des deux moitiés sert nécessairement pour l'autre, et, dans les figures comme dans le texte, je ne donnerai le développement et le traitement que d'un des côtés de l'arbre).

Dans toutes les formes où l'arbre est divisé en deux parties égales, on se propose, à la taille de cette année-ci, d'obtenir une branche secondaire en même temps que le prolongement de la branche mère. Cette branche secondaire est une branche de dessous, et se trouve bien moins favorablement placée que la branche de prolongement. Pour lui donner cependant toute la force possible, dans presque tous ces systèmes, on taille le rameau A (fig. 7), extrêmement court, de trois à quatre pouces de longueur seulement. L'œil sur lequel on taille fournit le bourgeon de prolongement, et un œil de dessous donne la branche secondaire ou de bifurcation. Telle est la méthode de M. Dalbret, celle de M. Dumoutier, etc., etc.

Pour donner à un arbre la forme en U, il faut agir tout différemment. Le rameau A ne doit pas donner une branche mère, mais la première branche horizontale (A de la fig. 4). C'est, il est vrai, sur cette branche horizontale que la branche mère I (fig. 4) sera prise plus tard ; mais à la taille actuelle on n'a pas encore à s'en préoccuper, et l'on n'a en taillant que deux choses à faire :

1º. Le rameau A (fig. 7) doit avoir de quatre à six pieds de longueur. On n'a pas de branche secondaire à lui demander. Ainsi il est inutile de le tailler aussi court que dans les autres systèmes. Il ne faut pas non plus tailler trop long, parce que les racines de l'arbre ne sont pas encore bien étendues et affermies dans le sol; dix-huit pouces à deux pieds suffiront.

Je crois inutile de rappeler que la taille ne doit pas être faite sur un œil de dessus, et que la coupe doit être recouverte d'onguent de Saint-Fiacre. Je renvoie pour ces détails au chapitre où il en est traité.

2º. Le rameau A étant taillé, on l'inclinera au-dessous de l'angle de quarante-cinq degrés. Cette inclinaison fera développer avec force les yeux qui sont placés en dessus. Tous auront une grande tendance à prendre le caractère de gourmands. Le pincement les maintiendra dans l'état de médiocrité qui convient pour des branches à fruit.

Quant au bourgeon de prolongement, on le laissera s'allonger et se fortifier sans le gêner en aucune manière.

L'ébourgeonnement, le pincement, le palissage, se fe-

ront, et sur les bourgeons et sur les faux bourgeons, pen
dant le cours de l'année, dans le temps convenable.

<hr>

Troisième année de la taille. (Fig. 8.)

Au commencement de cette troisième année, l'arbre
consistera dans deux espèces de cordons, qui, depuis le
tronc jusqu'à la taille de l'année précédente, auront produit en dessus et en dessous une certaine quantité de
branches à fruit.

C'est parmi ces branches, parmi celles de dessus qu'il
faut choisir désormais les deux branches mères. Plus tard
elles doivent être espacées à deux pieds de distance l'une
de l'autre. Il faut donc que chacune d'elles soit à environ
un pied du centre de l'arbre; mais comme les branches
horizontales qui les portent doivent encore être abaissées,
et qu'il est plus facile d'incliner les branches à fruit vers
la circonférence de l'arbre que de les ramener vers son
centre, il vaut mieux choisir ces deux branches à 10 et
même 8 pouces de distance du centre que de les prendre à
un pied.

La branche A sera cette année taillée aussi longue que
sa force le comportera, et cette force doit être considérable, parce qu'elle a absorbé toute la sève que le pincement
a écartée des branches à fruit. En l'attachant, on la bais-
sera autant qu'il sera possible. La taille de ses branches à
fruit, leur conduite et celle du bourgeon de prolongement,

12

n'ont rien de particulier ; on suit les règles ordinaires détaillées au chapitre du gouvernement des diverses branches
du pêcher.

Quant à la branche à fruit destinée à donner la branche
mère, il faut remarquer que, dans l'intérêt des branches
inférieures, l'on ne forme pas tous les ans, mais seulement tous les deux ans, un étage de branches horizontales.
Ainsi la portion de la branche mère qui sépare deux étages
doit mettre deux années à se former. C'est pour cela que,
dès sa naissance, sur la branche horizontale A, on l'a gouvernée comme une branche à fruit, et qu'on l'a maintenue
dans l'état de médiocrité. La taille de cette année doit
donner à cette branche la moitié de la longueur qui se
trouve entre deux étages, c'est-à-dire environ un pied, et
en l'attachant au treillage on lui fera occuper la ligne
qu'elle doit conserver à l'avenir.

On remarquera que cette ligne est verticale, et c'est ici
que se présente la difficulté commune à tous les systèmes
de forme ; mais on voit que dans cette forme en U, le mal
est, comme je l'ai dit, concentré sur un seul point, tandis
que dans les autres systèmes les branches verticales y sont
multipliées. Dans les autres systèmes il est très-difficile
de maintenir l'équilibre et de contenir la sève autrement
que par des rapprochements annuels ; dans cette forme-ci,
au contraire, la surveillance n'a à s'exercer que sur un
pied de longueur, et elle s'y exerce plus facilement au
moyen du pincement.

Cette branche, quoique encore branche à fruit, attirera
donc beaucoup de sève à raison de sa position verticale.
Tous ses yeux s'ouvriront dans toute sa longueur : il faut

faire attention que les uns sont destinés à garnir de branches à fruit l'intérieur de l'U, et les autres l'intervalle qui se trouve entre la naissance de deux étages, et à fournir là des espèces de branches d'attente qui habituellement ne seront que des branches fruitières, mais qui, dans le cas d'événements fâcheux, présenteraient un moyen de remplacement pour une branche horizontale.

On conservera donc tous les bourgeons placés à droite et à gauche de cette branche, et l'on supprimera tous ceux de devant et de derrière, à moins, toutefois, qu'on n'en ait besoin d'un pour garnir un vide, et alors il faudrait donner la préférence à ceux de derrière sur ceux de devant.

Pour le bourgeon terminal qui doit prolonger la branche, il sera, ainsi que l'a été la branche elle-même pendant l'année précédente, maintenu par le pincement dans l'état de médiocrité des branches fruitières, et tous les autres bourgeons qui ne doivent donner que des branches à fruit seront traités de la même manière. Ainsi l'on voit qu'après la suppression des bourgeons inutiles, ceux qui resteront, et le bourgeon de prolongement lui-même, seront tous, sur la branche mère 1, gouvernés d'une manière uniforme. Cette uniformité d'opérations sur les diverses parties de la branche en rend la conduite facile.

Quatrième année de la taille. (Fig. 9.)

L'attention du jardinier se partage désormais entre la branche horizontale A et la branche mère I.

Pendant le cours de la troisième année, la branche horizontale A a dû prendre un grand développement, car, d'une part, le jeune arbre est déjà vigoureux, et, d'un autre côté, la sève a été refoulée de toutes parts sur elle par le pincement ; toutes les pousses de la branche mère, toutes les branches à fruit du dessus de la branche horizontale ont été pincées ; la sève n'a donc eu pour issues que les branches à fruit de dessous, où elle n'a pas pu agir avec une grande énergie, en raison de leur position, et si, malgré cette position, elle s'y fût portée avec force, on aurait du encore lui faire éprouver la contrariété du pincement.

Il ne lui est donc resté d'issue bien libre que dans le bourgeon de prolongement de la branche horizontale, et probablement ce bourgeon a pris un grand accroissement et exige une taille allongée ; on le taillera suivant sa force, et cette longue taille, jointe à celles qu'il a reçues les années précédentes, donnent à ce bras horizontal une longueur qui assure sa force et sa prospérité pour les années suivantes, où la sève va désormais s'échapper par des issues nouvelles, et ne sera plus, par conséquent, concentrée sur une seule et même branche.

En attachant cette branche, on la rabaissera encore, et on la rapprochera, autant que possible et tout-à-fait, s'il se peut, sur la ligne horizontale qu'elle doit à l'avenir occuper à demeure. Tout en recommandant de placer ces branches de charpente sur la ligne horizontale, je dois avertir qu'en palissant pendant le cours de chaque année le bourgeon de prolongement, il convient d'en relever l'extrémité pour y attirer la sève et y maintenir son mouvement plus libre.

La branche mère qui a déjà reçu une taille d'un pied de long, et qui, avant comme depuis cette taille, a été maintenue dans l'état de médiocrité, recevra encore cette année une taille pareille, de manière que sa longueur totale sera actuellement de deux pieds. Le nouveau pied que cette dernière taille donne à la branche mère sera, comme le premier pied, attaché verticalement. Les bourgeons qui en proviendront seront traités comme ceux de l'année précédente, tous étant destinés à former des branches à fruit ; le bourgeon terminal lui-même, consacré au prolongement de la branche mère, sera traité cette année comme l'a été celui de la dernière année, c'est-à-dire contrarié dans son développement, parce que tous les ans la branche mère ne devant s'élever que d'un pied, tous les ans aussi son bourgeon de prolongement ne doit être que d'une force médiocre, et le pincement doit l'empêcher de prendre le caractère de gourmand.

Mais le moment est venu de procéder à la formation d'un nouveau bras horizontal ; en conséquence, au-dessous de l'œil terminal de la taille, et en dehors de l'U, on choisira un œil destiné à former cette branche nouvelle ; le bourgeon qui en proviendra, loin d'être pincé ou contrarié, sera favorisé dans son développement et traité comme le sont les bourgeons de prolongement dans les branches de charpente ; la sève s'y portera avec violence, et il donnera dès la première année une pousse d'une longueur remarquable. Ce bourgeon sera palissé sans contrainte, sous un angle très-peu ouvert, au commencement de l'année, un

12*

peu plus vers la fin, et ce n'est que dans les deux années qui suivent sa naissance que cette branche, comme toutes les autres branches de charpente, doit être amenée à la position horizontale qui lui est réservée dans la forme de l'arbre.

On voit que pendant qu'une nouvelle branche de charpente B se forme et se développe librement, l'œil de prolongement de la branche mère fournit un bourgeon qui, retenu pendant le cours de l'année dans son développement, fournira pour la taille de l'année suivante un rameau médiocre, lequel, à cette époque, sera taillé à un pied, et ce pied, qui est tous les ans la mesure de la longueur de la taille, l'est par conséquent aussi de l'accroissement de la branche mère.

En résumé, la branche mère s'élève tous les ans d'un pied, et fournit tous les deux ans une nouvelle branche horizontale. Chaque branche horizontale a donc toujours deux années d'avance sur celle qui est immédiatement au-dessus d'elle, et la plus basse de toutes (la branche A), dans laquelle il est le plus difficile de ramener la sève, a près de trois années de plus que la branche B qui lui est immédiatement supérieure. Aussi quand la branche B commence à se former et à attirer la sève, la branche A a pris un développement et une force qui assurent sa prospérité pour l'avenir.

Il est sans doute inutile de faire observer qu'aussitôt qu'on a donné à la sève une issue nouvelle par la création de la branche B, les tailles doivent être moins allongées sur la branche A. La nécessité de cette réduction se fait sentir par la diminution des pousses terminales de cette branche.

La branche B sera tous les ans taillée et traitée comme une branche de charpente, comme l'a été la branche A, et, ainsi que cette dernière, on la garnira successivement tous les ans, dans toute sa longueur, de branches à fruit en dessus et en dessous.

La formation des autres étages de branches horizontales se fait de la même manière que celle de l'étage B. Je ne ferais donc que répéter pour les branches C et D ce que je viens de dire pour la branche B; mais pour qu'on puisse se rendre compte du temps et du mode de formation de tout l'arbre, je joins ici les figures 10, 11, 12, 13 et 14 qui présentent le développement de sa charpente jusqu'à la première taille donnée à la branche du quatrième étage D, et par conséquent jusqu'à la neuvième année; les traits indiquent les tailles, et les chiffres placés auprès des traits indiquent les années.

En examinant ces diverses figures, on peut voir comment se forment successivement les différents étages A B C D de l'arbre entier (fig. 4), et surtout comment se forme la branche mère verticale I, qui donne tous les deux ans naissance aux divers bras horizontaux. Il serait possible que la bonté de certains terrains et une grande vigueur de végétation permissent de mettre moins de deux ans d'intervalle entre la formation de deux étages; mais cette accélération dans le travail est peu désirable, attendu que le point important est que les étages inférieurs soient bien établis avant de lâcher dans les étages supérieurs une sève qu'il est presque impossible de rappeler plus tard dans le bas de l'arbre.

Si, au lieu d'admettre des branches à fruit en dessus et en dessous de la branche horizontale, on supprimait, en formant l'arbre, celles de dessous; si, par suite, les étages n'étaient espacés entre eux que d'environ 15 ou 18 pouces, alors toute la sève qui aurait nourri les branches de dessous se porterait nécessairement dans le bourgeon de prolongement de la branche horizontale de charpente, et accroîtrait d'autant la force de végétation de cette branche. Son développement serait par conséquent, plus prompt, et, dans ce cas, je crois que dans les bons terrains il serait convenable de ne pas attendre deux ans pour former un étage. La branche mère devrait donc être un peu plus ménagée par le pincement, et, sans devenir branche gourmande, on pourrait lui laisser prendre assez de force pour permettre une taille de 15 à 18 pouces de longueur.

Je n'ai point essayé cette suppression des branches à fruit de dessous; mais plusieurs jardiniers l'ont fait dans d'autres systèmes de formes, et n'ont eu qu'à s'en louer. Il est certain que n'ayant dans son arbre que des branches à fruit de dessus, la conduite de l'arbre se trouve encore simplifiée; ce qui est toujours un avantage pour l'arbre et surtout pour le jardinier.

Le seul inconvénient, peut-être, c'est que si une branche ou portion de branche horizontale de charpente vient à périr, il est presque impossible de la remplacer avec des branches à fruit de dessus, tandis qu'on le peut aisément avec des branches de dessous.

D'après tout ce que nous venons de dire, on voit que le mode de formation du pêcher pour la forme en **U** consiste :

1o. A former d'abord son premier étage de bras horizontaux avec les deux premiers bourgeons que l'amputation de la tige a fait naître ;

2o. A prendre sur ces deux bras les deux branches mères de l'arbre, branches que l'on espace à deux pieds de distance l'une de l'autre ;

3o. A n'élever tous les ans, par la taille, ces branches mères que d'un pied, et en conséquence de maintenir leur bourgeon de prolongement dans un état de faiblesse pareil à celui des bonnes branches à fruit ;

4o. Enfin à ne tirer de nouveaux bras horizontaux de la branche mère que tous les deux ans, ce qui met entre tous ces bras une distance de deux pieds.

Quant à la conduite des branches horizontales de charpente que l'on fait naître tous les deux ans par ce procédé, et au gouvernement des branches à fruit nées en dessus et en dessous de ces branches de charpente, les procédés sont, dans la forme en U, absolument les mêmes que dans les autres formes, avec cette différence que dans la forme en U on prolonge ses branches de charpente tant que l'on veut, sans être obligé de recourir à des bifurcations.

CHAPITRE SIXIÈME.

Des divers âges du Pêcher et de ses maladies.

———

Le pêcher, comme tous les arbres, éprouve les effets du temps et les vicissitudes de l'âge ; comme tous, il a la faiblesse de l'enfance, la fougue de la jeunesse, la force de l'âge mûr, et la caducité de la vieillesse. Sa végétation varie suivant ces diverses périodes qu'il parcourt successivement, et l'on conçoit que chaque époque demande des soins particuliers, soins qui, quand ils sont bien observés, assurent sa longévité.

Dans son enfance, qui ne dure guères que 4 à 5 ans, un cultivateur sage doit lui interdire la production du fruit. Cette tentative d'avancer ses jouissances est toujours fâcheuse pour le jeune arbre, et d'ailleurs les fruits de cette époque de sa vie ne sont jamais aussi agréables que ceux qu'il donnera plus tard.

Dans sa jeunesse, qui comprend huit ou dix années, ou plutôt le temps nécessaire pour le former, sa végétation est vigoureuse, ses pousses d'une longueur admirable ; les ressources qu'il développe dans cette époque précieuse de son existence doivent être sagement utilisées, car ces ressources n'ont qu'un temps, et si, au lieu d'en profiter pour le former, on recèpe continuellement ces longs rameaux qu'il donne, plus tard il se restreindra de lui-même aux dimensions mesquines auxquelles on l'aura assujetti.

Pendant cette période il ne faut pas craindre d'allonger la taille sur les branches de charpente. Dans les branches à fruit, les bourgeons de remplacement se montrent communément avec tant de vigueur que, loin d'avoir besoin de supprimer les bourgeons supérieurs comme on le fait sur les arbres tout formés, on est obligé d'en laisser plusieurs pour diviser la sève, et, malgré cette précaution, il est encore quelquefois nécessaire de pincer le bourgeon de remplacement; quelquefois même on abandonne ce bourgeon pour le reprendre sur des yeux qui, dans le cours du printemps, poussent inopinément du talon de la branche à fruit.

En un mot, il faut se souvenir que, dans le règne végétal comme dans le règne animal, la contrainte ne produit que des avortons. La jeunesse a un premier feu qu'elle doit jeter, et si, au lieu de l'étouffer, on se borne à lui donner une sage direction, on obtiendra les belles productions que font admirer l'école de Montreuil, et surtout l'école nouvelle.

Quand la fougue de la végétation est passée, et que le jardinier en a profité pour former son arbre, et pour lui donner toute l'étendue qu'il comporte, alors commence l'époque des récoltes abondantes et régulières, époque qui peut durer très-longtemps si l'arbre est sagement conduit.

Pendant cette longue période, les branches à bois demandent à être peu allongées. Quelquefois leur écorce s'endurcit et nécessite l'emploi des incisions longitudinales. Les branches fruitières n'offrent plus cette surabondance de sève qui fesait si souvent avorter les fruits. Les bourgeons de remplacement ne font plus craindre comme autrefois

l'excès de la force, mais bien l'inconvénient contraire.
Alors il faut veiller à les fortifier par le pincement ou la
suppression des bourgeons supérieurs. Alors, quand une
branche fruitière paraît s'affaiblir, il faut être sobre à lui
demander du fruit. Les tailles en toute perte doivent être
interdites. On doit veiller sur l'apparition d'yeux inattendus
à la naissance des branches, et sacrifier tout au développement de ces yeux qui donnent à la sève de nouveaux
conduits, où elle coule plus librement, où la végétation
prend une énergie nouvelle, et qui rajeunissent tout l'arbre.
En général, à cette époque de l'existence du pêcher, on
ne ménage pas assez son extrême fécondité. S'il a été
bien formé, il est couvert de branches à fruit, et une ou
deux pêches au plus sur chaque rameau suffiraient au cultivateur le plus exigeant. Les fruits en seraient plus beaux
et l'arbre moins épuisé. Mais on ne sait se modérer, et par
un excès de production qu'on exige de l'arbre, on abrége
sa durée, et l'on sacrifie au superflu du présent le nécessaire d'un avenir qui devrait durer de longues années. La
discrétion, le ménagement et les soins sont d'autant plus
essentiels à cette époque brillante de la vie du pêcher, que,
comme on va le voir dans ce chapitre, toutes les causes
d'affaiblissement qu'il éprouve offrent, à l'exception de la
gomme, bien peu de moyens curatifs.

Ces causes sont la vieillesse et les maladies.

La vieillesse. — Quand le pêcher commence à vieillir,
la longueur de ses pousses éprouve une diminution sensible. Plus tard, ses branches à fruit se chargent de boutons à fleurs dégarnis d'yeux à bois. Enfin les branches à

bois périssent successivement en commençant par celles d'en bas.

Lorsque ces premiers signes de décadence se manifestent, il faut d'abord recourir aux engrais, surtout si on a négligé de fumer ses plates-bandes au moins tous les trois ans.

Mais le meilleur amendement que l'on puisse donner au pêcher, c'est de renouveler la terre dans laquelle il végète. Ce renouvellement se fait en automne. En enlevant la terre ancienne il faut prendre garde de blesser les racines de l'arbre.

Quelquefois ces racines ont des parties usées, pourries ou attaquées par les vers blancs. Laquintinie et Roger Schabol supprimaient ces parties détériorées, et par le raccourcissement des petites et grosses racines ils les obligeaient à produire de nouveau chevelu. L'un et l'autre ont obtenu le plus grand succès de ce moyen de rajeunir de vieux arbres. Ils recommandent seulement de ne pas oublier d'appliquer l'onguent de Saint-Fiacre sur les coupes des racines comme on l'applique sur les coupes des branches.

Si, malgré les soins donnés aux racines, l'arbre continue à languir, il est évident que le mal est dans les branches, et que leur écorce trop endurcie, leurs fibres trop comprimées ou égorgées gênent désormais la circulation de la sève. Ce mal provenant des branches est malheureusement plus commun que celui qui provient des racines, parce que ces dernières souffrent moins que les branches des contrariétés de l'atmosphère et des maladresses des jardiniers. Si les incisions longitudinales sont insuffisantes, et que des portions de l'arbre continuent à périr, il faut bien recourir au ravalement de l'arbre, triste remède pour le pêcher, mais qui cependant réussit encore quand il est fait avec les précautions que la nature de cet arbre exige. Le poirier repousse facilement du tronc, mais il n'en est pas de même du pêcher, et si dans le bas de l'arbre on n'avait pas conservé quelques branches à fruit pour donner issue à la sève, il ne faudrait plus songer à le renouveler ; ce serait un arbre à arracher et à remplacer. Mais si l'on a encore quelques branches dans les parties inférieures, la sève y ayant conservé son cours, on peut espérer d'y faire naître des gourmands sur lesquels on recommencera toute la charpente d'un nouvel arbre qui peut durer encore très-longtemps.

Pour y parvenir, il ne faut pas étronçonner tout son arbre et en supprimer à la fois toutes les branches. Un chirurgien ne coupera pas le même jour les deux jambes d'un blessé, le sang étoufferait le malade. Dans le règne végétal comme dans le règne animal, les fortes suppressions doivent se faire graduellement. Ici elles doivent avoir lieu en trois ou quatre années. A chaque amputation la coupe sera recouverte d'onguent de Saint-Fiacre, et enveloppée d'un linge assujetti par une ligature. Si l'arbre a encore assez de vie pour mériter d'être conservé, il poussera de forts gourmands que l'on taillera et gouvernera de suite comme les pousses vigoureuses d'un arbre nouvellement planté. S'il se bornait à donner un rejet venu au-dessous de la greffe, il faudrait alors greffer ce sauvageon, et, quand les greffes seraient bien prises, on supprimerait graduellement toutes les branches de l'ancien arbre. Ce

moyen , quoique lent, est plus sûr et plus expéditif que la
plantation d'un jeune pêcher.

Si enfin on est obligé d'arracher l'arbre, il ne faut pas
oublier, avant d'en planter un autre, de renouveler toute
la terre occupée par les racines. Cette précaution serait
indispensable même dans le cas où l'on remplacerait un
pêcher par un arbre à noyau d'une autre espèce, tels que
prunier, abricotier, cerisier, etc. Elle deviendrait inutile
si le nouvel arbre à planter était à fruit à pépin.

Les maladies. — *La gomme* n'est que le suc propre, la
sève des arbres à noyau qui, poussée hors de ses conduits
naturels, ou coagulée dans ces mêmes conduits, produit
sur les branches, comme le sang extravasé produit sur les
membres des animaux , des dépôts de substance sans circulation et sans vie, qui tendent à la corruption, et par
suite à la désorganisation des parties voisines. L'âcreté
malfaisante des matières que renferment ces dépôts at-
taque l'écorce, l'aubier, et bientôt le bois même des
branches ou du tronc de l'arbre, les chancres et les ulcères
qui se forment s'étendent journellement, et bientôt l'arbre
périt. Dans l'organisation végétale, comme dans l'organisation animale, le mal qui paraît au dehors est bien moins
dangereux que celui qui reste caché à l'intérieur; mais
dans les deux cas il faut , comme unique moyen curatif,
enlever le dépôt de gomme, et comme moyen préservatif
supprimer la cause.

La cause des dépôts extérieurs est presque toujours,
pour les arbres jeunes et vigoureux, dans les obstacles
qu'une taille trop courte, un pincement trop sévère, ou , en
général, la manière de gouverner le pêcher, apportent à

son développement. Rendre à la sève sa liberté suffit pour détruire la cause du mal; et je dois observer, à cet égard, que dans les arbres les plus vigoureux, et sur les rameaux qui terminent les branches de charpente les plus fortes, un seul œil (et c'est ordinairement l'œil terminal de la taille qu'on emploie à cet effet), un seul œil, dis-je, suffit, quand il n'est point gêné dans sa végétation, pour absorber toute la sève de cette branche et prévenir l'inconvénient de la gomme.

Quant au mal en lui-même, il ne faut pas le laisser invétérer; avant que la gomme soit durcie, il faut l'enlever, et avec un linge ou une éponge mouillée nettoyer soigneusement et à plusieurs fois la partie de l'écorce qu'elle occupait.

Si, au contraire, la gomme s'était durcie, il faudrait l'enlever avec un instrument tranchant comme toute la partie de l'écorce qu'elle aurait affectée, et après cet enlèvement recouvrir avec l'onguent de Saint-Fiacre ou la composition Forsyth la plaie qu'on aurait faite.

Les dépôts intérieurs qui se forment entre l'écorce et le bois sont bien plus dangereux. Ils peuvent avoir plusieurs causes :

1º Un vice dans la constitution même de l'arbre. Ces arbres rachitiques n'offrent aucune ressource; il faut les arracher, et pour les remplacer éviter soigneusement chez les pépiniéristes tous ceux qui portent dès leur enfance des traces de gomme. Souvent dans les pépinières on retranche les branches attaquées. Toute branche coupée dans un jeune arbre doit donc être un motif de suspicion et de rejet dans le choix qu'on a à faire.

2° Des écorces trop endurcies qui gênent la circulation de la sève. Nous avons déjà dit plus haut que les incisions longitudinales faites au printemps sur l'écorce et sans toucher à l'aubier prévenaient cet inconvénient; mais, quand le mal est arrivé, il faut, et toujours à la même époque du printemps, pratiquer sur les tumeurs qui renferment la gomme des incisions, non plus légères et longitudinales, mais profondes et cruciales, que l'on recouvre ensuite avec l'onguent de Saint-Fiacre; ce procédé employé par M. Dumoutier a fait disparaître la gomme, et a rendu la force et la beauté à des pêchers dont la gomme faisait presque désespérer.

3° Les eaux du fumier qui pénètrent dans la terre occupée par les racines du pêcher vicient souvent la sève de cet arbre, et ce vice donne lieu à des dépôts intérieurs de gomme. La suppression de la cause est ici le premier remède à employer; des fumures trop abondantes produisent les mêmes résultats que la présence des eaux de fumier sur les racines.

4° Enfin tout ce qui tend à gêner ou arrêter la circulation de la sève devient, pour le pêcher, une cause de gomme, les gelées d'hiver, et surtout celles de printemps, le séjour sur les branches de la neige ou de l'eau congelée, certains vents, des transitions subites de température, de fortes suppressions faites lors de la taille, et, parmi tant de causes faciles ou impossibles à éviter, je ferai remarquer celle de la grêle qui est souvent pour les arbres une cause de destruction et de mort. Ce mal, aussi grave qu'il est inévitable, serait singulièrement adouci si, au moment où il a lieu, on avait le soin d'enduire, avec l'onguent de

Saint-Fiacre, tous les points attaqués. Si, à cette précaution très-facile, on joignait celle de tailler court l'année suivante et de charger très-peu en fruits, l'arbre se remettrait en une année ou deux d'un accident qui, par défaut de soin, entraîne ordinairement sa perte.

Ce que je dis ici pour les contusions opérées par la grêle doit s'appliquer à tout autre contusion que l'arbre pourrait recevoir.

Quant au traitement des plaies, chancres et ulcères produits par la gomme, le moyen curatif est d'enlever au printemps et jusqu'au vif toute la partie attaquée, écorce, liber, aubier et bois ; de ne laisser aucune trace du mal, quelque large et profonde que puisse être l'incision à faire ; de bien couvrir ensuite la plaie ou remplir la cavité avec de l'onguent de Saint-Fiacre qu'on assujettit par une ligature, et qu'on renouvelle au moins tous les ans une fois. L'emploi de la composition Forsyth est pour cet objet de la plus grande utilité ; mais, n'employât-on que l'onguent de Saint-Fiacre, on peut être sûr que le mal cessera, même quand il serait invétéré, que de nouvelles écorces se formeront, et que l'arbre prendra une nouvelle vie.

La Cloque est une maladie aussi mystérieuse dans ses causes qu'incurable dans ses résultats. Quand un arbre en est atteint, ce qui arrive ordinairement au printemps, ses feuilles s'épaississent et se contractent dans tous les sens ; c'est le premier degré du mal, et s'il en reste là, l'arbre n'en éprouvera qu'un léger dommage, parce que dans la même année il fera des pousses nouvelles sur lesquelles on pourra, tant bien que mal, asseoir la taille suivante ; mais si les pucerons, et par suite les fourmis, paraissent sur les feuilles, alors le mal augmente, les bourgeons cessent de s'allonger et ne forment plus à leur extrémité que des toupillons de feuilles informes et dégoûtantes d'ordures et d'insectes.

La cause d'une maladie aussi commune, aussi bizarre et aussi funeste est encore inconnue; on l'attribue généralement à de mauvais vents qui, frappant sur l'écorce encore tendre des bourgeons, y occasionneraient une espèce de refroidissement, et ce que, dans les animaux, on appelle rhume ou transpiration arrêtée; cette hypothèse paraît la plus probable. Il est certain que lorsqu'un obstacle quelconque refoule sur un mur d'espalier les vents du nord ou du couchant, les arbres exposés à ce refoulement sont plus que d'autres attaqués de la *cloque ;* je l'ai éprouvé sur des murs où tous les pêchers étaient exempts de cette maladie, excepté l'arbre de l'extrémité du mur, qui recevait, par ricochet, les vents en question.

On suppose que la cloque est plus particulièrement attachée à l'exposition du couchant; je crois au contraire que ses ravages tiennent plus à l'influence des mauvais vents qu'à celle de l'exposition : je l'ai vu faire chez moi plus de mal au levant qu'au couchant, parce qu'au levant les mauvais vents étaient plus fortement répulsés.

On prétend encore que cette maladie est inhérente aux arbres, et qu'elle se propage par la greffe. J'ai pris sur des arbres cloqués des écussons que j'ai mis sur des sujets placés non loin de l'arbre malade, mais non exposés au même refoulement de vents. Ces greffes m'ont donné de beaux arbres qui n'ont jamais souffert de la cloque.

Quant aux remèdes à employer contre la cloque, je n'en

connais aucun ; j'ai eu pendant bien des années la constance
de renouveler les arbres à une certaine place où la cloque
les attaquait tous les ans ; j'ai changé la terre ; j'ai arrosé
les feuilles et les racines ; j'ai employé la chaux délayée et
en poudre, les fumigations de tabac, de soufre, rien n'a
réussi ; la cloque a continué ses ravages, est revenue tous
les ans, et en définitive il a fallu renoncer à cette place
pour les pêchers, tandis qu'à côté, à la même exposition
(celle du levant), les arbres étaient exempts de la maladie, et prospéraient d'une manière remarquable. Quelques
auteurs conseillent de supprimer les parties malades,
d'autres de les conserver : je crois que l'un est aussi indifférent que l'autre ; le point essentiel est de pouvoir faire
pousser de nouveaux bourgeons le plus près possible de
la naissance des branches, et quand le mal a épargné les
yeux inférieurs, il est utile, si la saison n'est pas trop
avancée, de supprimer les parties malades ; mais si la
cloque a attaqué toute la branche, je préfère encore laisser
les choses dans l'état où elles se trouvent, et attendre de
la pousse d'août des bourgeons nouveaux. Du reste quand
le mal est grave et qu'il se répète plusieurs années de
suite, il devient bien difficile de conserver les arbres, et
si la cloque tient à une cause qu'on ne peut faire cesser,
il faut renoncer au pêcher pour les places où elle exerce
ses ravages.

Le Rouge. — Autre maladie incurable, et exclusivement
propre au pêcher. Le bois des branches malades prend
une teinte rougeâtre ; les yeux, les feuilles, les fruits,
tout périt, et l'arbre entier a bientôt le sort des branches
si le mal fait des progrès.

L'ignorance des causes et des moyens curatifs de cette maladie dispense ici de plus longs détails. On fera bien cependant, quand elle se manifestera sur des branches, de les supprimer au-dessous de la naissance du mal.

Le Blanc, appelé dans quelques endroits *le meunier* ou *la lèpre*, est, comme les maladies ci-dessus, sans causes et sans remèdes connus; il se manifeste depuis le mois de juin jusqu'au mois de septembre, et commence par l'extrémité des pousses nouvelles. Il couvre d'une couleur blanchâtre les feuilles, les branches, et même les fruits des arbres qui en sont affectés. Un grand nombre de faits paraissent prouver que l'exposition du levant développe particulièrement les symptômes de cette maladie, qui, comme je l'ai dit, est incurable, du moins dans l'état actuel de nos connaissances.

Toutes les maladies dont je viens de parler offrent, comme l'on voit, bien peu de moyens de guérison. Souffrir quand le mal est léger, retrancher les parties malades quand il est un peu plus grave, enfin arracher son arbre quand la maladie a atteint son dernier période, tel est à peu près tout l'art médicinal du jardinier.

Cette pénurie de ressources dans l'état de maladie est un motif de plus pour bien soigner les arbres dans leur état de santé, car il est certain que le bon gouvernement du pêcher est un des meilleurs moyens de le préserver de tous ces maux qui sont à peu près incurables.

CHAPITRE SEPTIÈME.

Des soins à donner au fruit.

Les fruits, pour être bons, exigent quelques soins. Ils veulent être éclaircis, découverts, et cueillis à temps.

Souvent ils sont trop abondants, ce qui nuit à leur grosseur et à leur qualité. Le moment de les éclaircir est, comme nous l'avons dit plus haut, à la fin de juin. On supprimera de préférence ceux dont la présence peut nuire aux branches, soit parce que la branche qui les porte est faible, soit parce que le bourgeon de remplacement manque de force, et alors il faut rapprocher la branche à fruit sur ce bourgeon; soit enfin parce que trop de pêches sont réunies sur un même point.

Pour détacher le fruit, on ne le tirera pas à soi, ce qui donnerait aux branches une secousse fâcheuse, et pour la branche et pour le fruit qui doit rester; mais on le tournera sur son pédoncule jusqu'à ce qu'il vienne à la main.

Les fruits doivent rester couverts de leurs feuilles jusqu'à environ une quinzaine de jours avant leur maturité; c'est-à-dire à l'époque où leur couleur verte commence à jaunir. Alors on les découvre pour que le soleil leur donne et ce goût exquis, et cette couleur brillante que lui seul peut leur donner, et qui fait le charme et le mérite de la pêche. Comparativement à l'époque de leur maturité, les pêches tardives se découvrent plus tôt que les hâtives, parce qu'elles ont besoin de plus de soleil pour mûrir et se colorer. Mais, pour les unes comme pour les autres, il ne faut exposer le fruit aux rayons du soleil que par degrés, sans quoi sa peau, encore tendre, recevrait ce qu'on appelle des coups de soleil, qui lui ôtent à la fois et sa qualité et sa beauté. On n'enlèvera donc les feuilles qui le cachent que successivement, en trois temps, dit Decombes. On ôtera d'abord les feuilles du côté du couchant ou du nord, suivant l'exposition; trois ou quatre jours après celles du côté opposé, et, après le même intervalle, celles qui sont en face du fruit. En enlevant les feuilles il faut ne pas oublier que chaque feuille est la mère nourrice d'un œil, et que les yeux du bas des branches sont toujours précieux. Pour opérer convenablement et promptement on n'arrachera pas les feuilles avec les doigts, mais on se servira de ciseaux. On coupera les feuilles en laissant toujours et le pétiole et une portion plus ou moins considérable, suivant le besoin, du tissu de la feuille. De cette manière on remplira le but relativement au fruit, et on conservera les yeux qui plus tard peuvent être nécessaires.

La maturité du fruit ne se juge pas à la couleur brillante du côté qui est exposé au soleil, mais à celle du côté opposé. Lorsque de ce côté, celui du mur, la peau n'a plus rien de vert, et qu'elle a pris une teinte jaune, alors il est temps de le cueillir. On ne peut trop blâmer les personnes qui, pour connaître sa maturité, le sondent avec le pouce, comme on sonde une poire. Sur le fruit délicat du pêcher, chaque coup de pouce est une meurtrissure.

Aussi, pour cueillir une pêche, il faut l'empoigner avec les cinq doigts de la main, et la tirer très-légèrement. Si le fruit est mûr, il cédera facilement; s'il résiste tant soit peu, il n'est pas mûr; il faut attendre.

Cette délicatesse de la chair et de la peau de la pêche exige quelques précautions pour le transport du fruit. Il faut que le fond du panier sur lequel on le met en le cueillant, ainsi que les tablettes sur lesquelles on le dépose ensuite soient garnis de feuilles de vigne, de mousse, linge ou tout autre corps mou. S'il devait être transporté à quelque distance, il faudrait le cueillir un peu avant son entière maturité, et emballer avec précaution chaque pêche dans son enveloppe particulière de mousse, de bourre de coton, ou autre substance aussi douce.

FIN DE LA PREMIÈRE PARTIE.

DEUXIÈME PARTIE.

SOINS DIVERS DE CULTURE.

CHAPITRE PREMIER.

Des terres propres au Pêcher.

La terre qui convient au pêcher doit être douce, légère et substantielle, un peu grasse et un peu sablonneuse, ne péchant ni par excès ni par défaut d'humidité. Originaire des pays chauds, cet arbre se déplaît essentiellement dans les terrains froids et humides; la terre trop argileuse lui donne une végétation belle et régulière, quoique tardive, des fruits gros et abondants, mais d'une saveur moins agréable que dans la terre douce et substantielle dont nous venons de parler. Les sols arides et brûlants donnent souvent à sa végétation des secousses violentes qui font développer les faux bourgeons sur toute la longueur des bourgeons nouveaux. On a vu dans la première partie de ce mémoire combien cet inconvénient contrarie les opérations de la taille. En général le pêcher se plaît dans

14

les mêmes terrains que la vigne, et dans notre département il y a bien peu de sols où il ne puisse réussir.

Mais quelque convenable que soit la terre où l'on veut planter des pêchers, il est indispensable de la changer si cette terre a déjà porté non seulement des pêchers, mais encore tout autre espèce d'arbres à noyau. Ce changement doit se faire sur toute la longueur, largeur et profondeur du terrain occupé par les racines du pêcher; cette précaution serait inutile si l'on voulait remplacer des arbres à pépin par des arbres à noyau.

CHAPITRE DEUXIÈME.

Du Pêcher en plein vent.

Les pêchers, venus de noyau, réussissent bien en plein vent; ils réussissent encore greffés rase terre sur amandier venu d'un noyau semé sur place; mais c'est perdre son temps que d'en mettre en plein vent qui ont été greffés dans les pépinières, et qu'on transplante ensuite dans une autre terre.

La culture en plein vent est sujette à tous les inconvénients des gelées printannières; aussi faut-il éviter, pour cet objet, les espèces très-hâtives; elle offre bien moins de ressources que l'espalier pour accélérer la maturité du fruit, et par cette raison il faut éviter les espèces trop tardives.

Dans ce département où nos vignes sont pleines de

pêchers à plein vent, il y a beaucoup d'espèces dégénérées ; les propriétaires soigneux remédieraient à cet inconvénient en semant des noyaux de bonnes pêches, telles que la bourdine, la chevreuse et toutes ses variétés, la petite, la grosse mignonne, la pêche abricotée et même la persique pour les terrains chauds. Ils pourraient encore greffer ces mêmes espèces rase terre sur amandier venu de noyaux semés sur place; c'est ainsi qu'auprès de Poissy, *dans une situation bien abritée,* on cultive le pêcher en plein vent, et sans le secours de la taille, avec un tel succès, que dans certaines années des particuliers en tirent 4 et 5,000 francs de revenu, et que toutes les autres cultures, même celle de la vigne, sont toujours sacrifiées sur ces terrains à la culture du pêcher.

La pêche en plein vent est toujours plus petite et plus tardive, et nos espèces tendres et à peau fine y réussissent moins bien qu'un espalier. Le plein vent, d'ailleurs, a toujours le grave inconvénient de ne donner que des récoltes incertaines et ordinairement très-rares; c'est ce qui a fait préférer la culture en espalier, quoiqu'elle exige plus de soins et plus de dépenses.

CHAPITRE TROISIÈME.

Des murs d'espalier.

L'expérience a prouvé que le pêcher ne réussit point espalé sur des murs de terrasse qui soutiennent des terres, soit parce que ces terres qui le dominent entretiennent au pied de l'arbre une humidité qui lui est contraire ; soit parce que ces murs, sur presque toute leur hauteur, sont dans un état habituel de fraîcheur qui affecte les branches et nuit à la végétation.

Les matériaux qu'on emploie dans la construction des murs d'espalier, varient suivant les pays. Mais qu'on les fasse en terre, en plâtre ou en mortier, peu importe pour le pêcher, pourvu que les murs soient bien récrépis, et ne présentent aucune retraite aux insectes.

Le blanc est ordinairement la couleur de l'enduit que l'on donne aux murs. Cette couleur réfléchit plus vivement la chaleur, et la conserve moins longtemps que le noir. Cette dernière, au contraire, l'absorbe davantage ; elle maintient, pendant la nuit, les arbres dans un degré de température plus égal, et les défend mieux contre cette opposition que présentent la fraîcheur des nuits et l'extrême chaleur de certains jours : tel est l'avis de beaucoup d'horticulteurs. Cependant le célèbre A. Thouin, qui s'est livré sur ce point à des expériences positives, pense que la préférence doit être donnée à la couleur blanche. Il affirme qu'elle attire moins que le noir les insectes, et qu'elle favorise bien moins le développement de leurs œufs et de leurs nombreuses générations. Je ne prononcerai pas entre ces deux opinions, mais je ferai des vœux pour que la science se décide en faveur de la couleur blanche. L'agrément entre pour beaucoup dans les soins qu'un propriétaire donne à son jardin, et rien ne serait triste comme cette tenture noire dont on entourerait un lieu consacré aux jouissances journalières de la vie. Je soup-

çonne qu'une pareille décision trouverait peu de docilité
chez la plupart des amateurs de jardinage. En adoptant
pour les enduits la couleur blanche, je crois qu'il faut
seulement éviter de donner aux murs une surface polie,
et se borner à un simple gobetage qui est toujours un peu
raboteux, précaution que n'observent pas ceux qui en-
duisent leurs murs de plâtre.

Quant à la hauteur qu'il convient de donner aux murs,
il y aurait avantage, sous le rapport de l'économie, à les
avoir très-élevés, de douze pieds par exemple ; car un mur
élevé ne coûte pas plus en fondations et en couverture
qu'un mur qui l'est peu, et par conséquent les six ou
huit toises carrées qu'un beau pêcher doit occuper en superficie coûteraient moins sur un mur de douze pieds
que sur un mur de six.

Mais l'intérêt du pêcher exige des murs moins hauts.
Pour qu'il prospère, une surveillance continuelle est indispensable ; et si le mur a dix ou douze pieds de hauteur,
cette surveillance ne pourra évidemment avoir lieu qu'au
moyen d'une échelle ; or l'on conçoit qu'avec un pareil
assujettissement l'arbre sera nécessairement négligé, ce
qui est d'une haute importance dans cette espèce de culture. Je pense donc que huit ou neuf pieds *au plus* sont
la hauteur qu'il convient de donner aux murs d'espalier.
Je sais que ce *maximum* que j'indique n'atteint même
pas le *minimum* demandé par plusieurs auteurs. Mais si
ces auteurs exigent des murs élevés, c'est uniquement à
raison de la forme de Montreuil qu'ils suivent, forme
dans laquelle la position des branches mères, sous l'angle
de quarante-cinq degrés, nécessite cette élévation sous

14 *

peine de ne pouvoir développer son arbre, ou bien d'être forcé d'abaisser ses branches mères par une plus grande ouverture d'angle. Or, l'école nouvelle nous a démontré que la forme de Montreuil n'était point une condition nécessaire à la prospérité du pêcher.

La couverture des murs exige quelques précautions. Dans ce département nous voyons journellement planter des pêchers le long de murs dont les couvertures n'ont pas plus de deux pouces de saillie. Sur ces murs sont appliqués des treillages dont les traverses et les montants ont ensemble une épaisseur de douze à dix-huit lignes. Il en résulte que les branches de l'arbre appliquées sur ce treillage se trouvent placées positivement au-dessous du jet d'eau de la couverture. Tout l'automne et tout l'hiver les yeux et les bourgeons de l'arbre sont dans un bain continuel d'eau ou de glace; l'eau dont la branche est imprégnée gèle la nuit; à ces expositions chaudes elle dégèle à midi, pour regeler le soir, et tous les jours cette cruelle alternative recommence pour les pêchers. Il n'y a pas de prospérité possible pour des arbres placés dans une aussi fâcheuse position; les yeux avortent de toutes parts, on ne sait jamais où asseoir la taille, et la sève arrêtée journellement dans son cours, par l'impression du froid humide qui l'entoure, forme des dépôts de gomme qui mettent bientôt fin à la pénible existence de ces malheureux arbres. Certainement il serait mieux pour eux qu'il n'y eût point du tout de chaperon, si les murs pouvaient s'en passer, ou qu'il n'y eût d'autre saillie que celle d'une tablette ou dalle dont la pente serait du côté opposé au pêcher.

Mais quand il y a toit à double pente, la saillie du chaperon doit être forte, ce qui a l'avantage de diminuer l'action de la sève dans les branches du haut, et de la refouler vers le centre de l'arbre. Elle doit être proportionnée à l'élévation du mur, moindre sur les murs exposés au levant que sur ceux qui le sont au vent de la pluie.

Il paraît qu'à Montreuil cette saillie est partout uniformément de quatre pouces; mais les jardiniers modernes l'ont tous jugée trop faible: le terme moyen de leurs conseils à cet égard donne à peu près dix pour un mur de huit à neuf pieds. A l'exposition du couchant on peut ajouter six lignes de saillie par pied de hauteur de plus, et, pour l'exposition du levant, diminuer un quart de toutes ces dimensions.

CHAPITRE QUATRIÈME.

Treillages.

A Paris on palisse à la loque, parce que les murs sont enduits d'une couche de plâtre de quinze lignes environ d'épaisseur. Ce palissage consiste à envelopper la branche d'un morceau d'étoffe et à fixer avec un clou cette loque sur le mur.

Dans quelques endroits on fait des treillages en fil de fer d'un gros échantillon formant des mailles de six, sept ou huit pouces en carré, ou mieux en losange; on attache ensuite les branches sur ces mailles avec des brins d'osier.

Ce genre de treillage a l'inconvénient de blesser quelquefois les pousses tendres du pêcher. La ligature n'y a jamais la solidité qu'elle a sur le treillage en bois.

Le meilleur, le plus commode, mais le plus dispendieux des treillages est celui que l'on fait en bois. Pour cela, dans quelques pays, on se sert de branches de châtaignier de dix à douze ans, que l'on refend et plane. Dans notre département on ne se sert guère que de chêne, que l'on fait scier de long. Quand les brins sont varlopés, ils doivent avoir de huit à douze lignes de largeur et d'épaisseur. Les traverses horizontales doivent être appliquées sur le mur, et les montants en dehors sur les traverses. Les uns et les autres sont attachés ou bien avec des pointes de Paris ou bien avec des liens de fil de fer passé au feu. Les attaches en fil de fer seront arrêtées ou au moins retournées du côté du mur de manière qu'elles ne puissent blesser les branches. La solidité exige encore que ces attaches soient liées pour un rang de droite à gauche, et pour le rang suivant de gauche à droite.

Pour un bon treillage les mailles doivent avoir six pouces en carré, le bois compris, et jamais plus de huit pouces. On a recommandé, pour l'économie et pour la facilité du palissage, d'espacer les traverses de dix pouces, et les montants de cinq pouces. L'expérience que j'ai faite de ces deux espèces de treillages m'a fait donner la préférence à la maille carrée de six pouces ; le treillage doit être peint à trois couches. L'huile de lin est préférable à l'huile de noix pour cet objet. Les deux premières couches doivent être données avant que le treillage soit posé.

CHAPITRE CINQUIÈME.

Abris.

La saillie des chaperons, dont nous avons parlé, toute nécessaire qu'elle est à la prospérité du pêcher en espalier, ne suffit pas au printemps pour garantir ses fruits contre l'effet meurtrier des intempéries de l'air ; dans tous les temps il a fallu recourir à d'autres moyens.

Le plus ancien, le plus commun encore et le plus mauvais, ce sont les paillassons appliqués de bas en haut sur toute la hauteur de l'arbre. Ce moyen est d'un entretien dispendieux, d'un usage embarrassant ; il donne lieu, même avec le plus de soin possible, à la chute continuelle des fleurs les plus précieuses, et presque toujours il nuit à la végétation de l'arbre en le privant d'air et en attendrissant ses pousses. Presque tous ces inconvénients se retrouvent dans l'usage des branches rameuses que quelques-uns piquent dans la plate bande, ou dans l'emploi des cosses de pois suspendues en avant du mur. Les rideaux de grosse toile sont un moyen excellent quand ces rideaux sont fixés de manière à ce que le vent ne puisse ni les déchirer ni les faire battre contre le mur ; mais personne ne s'en sert à raison de la grosse dépense qu'ils entraînent et des vols fréquents auxquels ils donnent lieu.

Je ne parlerai pas des châssis en verre : on conçoit quelle

est la dépense de la charpente, de l'entretien des verres,
et quel est l'embarras de monter et de démonter annuellement de semblables appareils. Il faut laisser ces moyens
dispendieux à nos voisins du nord qui, avec tant d'efforts,
n'obtiennent probablement que des pêches bien inférieures
aux nôtres.

Pour remplir cependant le but indispensable d'arrêter
l'effet de la gelée sur les fleurs tendres du pêcher, Girardot, qui avait l'énorme produit annuel de ses pêches à
conserver, devint ingénieux et savant par nécessité. Il
remarqua (et chacun peut faire comme lui) que la gelée
n'affecte vivement les plantes que lorsque son action se
fait sur elles de haut en bas. Ainsi, par exemple, si vous
placez *au-dessus* d'une planche de jacinthes, des paillassons, toiles ou autre abri, les jacinthes ne souffriront
pas de la gelée, quoique le froid puisse pénétrer en dessous
du paillasson, qui ne défend point les plantes sur les côtés.
Fort de cette remarque, Girardot fit sceller tout le long de
ses murs au-dessous du chaperon, et de toise en toise,
des morceaux de bois de deux pieds environ de saillie
placés en talus. Quand l'époque du danger arrivait, il
faisait attacher sur ces morceaux de bois des planches ou
des paillassons qui y restaient jusqu'à la mi-mai environ,
et de cette manière ses fruits étaient mis à l'abri, non
seulement des gelées du printemps qui agissent perpendiculairement, mais encore des pluies froides aussi dange-
reuses que les gelées, et c'est ainsi que sans paillassons
ni toiles, placés en avant de l'arbre, il conservait ses
pêches, quand tous ses voisins perdaient les leurs. Son
exemple fut bientôt imité par Montreuil, et c'est aujour-

d'hui l'usage universel parmi les propriétaires et jardiniers soigneux.

Mais je ne puis m'empêcher d'ajouter, d'après ma propre expérience, que Decombes nous enseigne un moyen meilleur et plus simple que celui de Girardot. On ne peut pas s'en servir, il est vrai, dans les pays où l'on palisse à la loque, et c'est pour cela, sans doute, qu'il n'est en usage ni à Montreuil ni aux environs de Paris ; mais dans notre département où le plâtre est rare et où l'on ne palisse que sur des treillages, ce moyen me paraît nous convenir parfaitement.

Les morceaux de bois scellés dans le mur font, pendant l'été, un effet fort désagréable. Quand le mur est haut, et que les arbres sont jeunes encore, les fruits du bas sont assez mal défendus par un auvent placé très-loin au-dessus d'eux. Decombes faisait faire des espèces de petites potences semblables aux chevalets de couvreur, composées de trois petits morceaux de bois léger, échalas, treillage ou latte (voir la fig. 15e.) (1), le dessus était en pente. Au mois de février il attachait ces potences avec de l'osier en haut du treillage, et les espaçait entre elles de six pieds, plus ou moins, suivant la longueur de ces paillassons ; il fixait sur ces potences des paillassons de deux pieds de large, tout était arrêté par des brins d'osier. Au mois de mai, paillassons et potences, tout était délié

(1) La figure 15e de la planche 4e n'est pas sur la même échelle que les autres figures de cette planche. Mais les dimensions de chaque partie du chevalet étant indiquées sur la figure elle-même, une échelle pour cette figure devient superflue.

et reporté dans la serre. « Il n'y a, dit-il, que deux
« journées dans l'année d'employées à cette opération. »

Je me sers de ce moyen et l'ai trouvé parfait ; il convient
d'autant plus à notre département, qu'il dispense de faire
découvrir des murs déjà existants pour y sceller des morceaux de bois.

Ces divers auvents, soit de Girardot, soit de Decombes,
laissent, comme on voit, l'arbre découvert en avant ; ce
qui donne la facilité de le visiter après la taille, pour y
faire les diverses opérations que la végétation de l'arbre
nécessite. Ceux de Decombes se placent à environ dix-
huit pouces au-dessus des branches les plus élevées, ou
tout à fait au-dessous du chaperon, quand les branches
ont atteint le haut du mur.

En général, ces auvents, qui sont ce qu'on a imaginé
de mieux jusqu'à ce jour, suffisent pour conserver le
fruit, et les accidents de gelée qu'ils ne préviennent pas
sont des exceptions extrêmement rares.

On se sert dans le jardinage pour les plantes potagères
de brise-vents, dont les uns sont construits en murs, et
dont les autres ne sont que de simples paillassons. On
utilise ce moyen pour les espaliers ; mais on conçoit que
de pareils abris ne doivent être placés qu'au commencement d'un mur. S'ils l'étaient dans le milieu, le vent
serait répercuté sur une partie des arbres, et le brise-vent
qui servirait d'un côté nuirait de l'autre.

Au surplus, les meilleurs brise-vents sont ceux qui
agissent d'une manière générale, comme le voisinage
d'un coteau élevé, quelque grande futaie, ou une longue
ligne de bâtiments.

CHAPITRE SIXIÈME.

Exposition des murs.

Le pêcher peut se placer aux trois expositions du levant, du midi et du couchant. Le nord doit être abandonné à quelques espèces de poiriers qui y réussissent assez bien, telles que les Beurrés, le Saint-Germain, le Colmar, la Cressanne, la Virgouleuse, le Rousselet, le Messire-Jean, le Martin-Sec, etc.

Le levant et le midi sont en général les meilleures expositions pour le pêcher. Le midi étant la plus chaude, les insectes y multiplient davantage, et les arbres y souffrent quelquefois de la chaleur. Les jardiniers soigneux y couvrent le bas de la tige de l'arbre d'une enveloppe de paille, ou de deux petits bouts de planches cloués par le côté l'un sur l'autre ; et c'est à cette exposition surtout que, dans les terrains brûlants, il convient le soir d'arroser la tige et les feuilles du pêcher.

Dans une plantation bien entendue il faut mettre aux expositions les plus chaudes les espèces les plus hâtives dont il est essentiel d'accélérer la maturité, et les espèces les plus tardives qu'on craindrait de ne pas voir mûrir dans les automnes froids.

Les propriétaires ou jardiniers qui, par spéculation ou tout autre motif, veulent multiplier les murs d'espaliers dans leurs enclos, y construisent des murs de refend. Ils doivent avoir soin de les espacer entre eux de cinq à six

15

toises au moins, et d'en arrêter les extrémités à trois ou quatre toises des murs principaux de clôture. Il serait à désirer, dans les jardins soignés, que le premier de ces murs, du côté des mauvais vents, fût toujours, soit par la pente naturelle du terrain, soit par sa construction, plus élevé que les autres auxquels il servirait d'abri.

CHAPITRE SEPTIÈME.

De la préparation du terrain.

Cet article est d'une grande importance. En effet, l'habileté du jardinier peut bien diriger convenablement la sève dans sa marche; mais tout son art ne consiste qu'à aider la nature. C'est du terrain seul que peut venir la vigueur des arbres, l'abondance de la sève et la richesse des récoltes. C'est donc avant tout à bien préparer son terrain qu'il faut songer, quand on veut établir un espalier.

Voyons ce qu'on a fait de mieux, ce qu'on a fait de mal, et cherchons ce qu'il convient de faire pour éviter tous les excès.

Butret défonçait ses plates-bandes sur toute leur longueur, de quatre pieds de profondeur, et de dix de largeur. Il enlevait toute la mauvaise terre, passait toute la bonne à la claie, et remplaçait celle qu'il enlevait par des terres préparées et mûries d'avance. Ses arbres, en cinq ans, couvraient un espace de trente pieds sur dix pieds de hauteur. Voilà le luxe de la culture. Mais Butret travaillait dans les beaux jardins de Schwetzingen, chez l'électeur Palatin, et ceux qui ne veulent pas une culture de prince peuvent bien faire encore sans faire aussi bien.

Dans notre département nous faisons un trou de deux pieds carrés environ sur dix-huit pouces de profondeur ; nous y mettons un arbre que nous couvrons de la terre du trou, jetée pêle-mêle, et bien piétinée pour consolider le tout. Voilà une autre extrémité bien plus fâcheuse que la première, qui, au moins, ne peut nuire qu'à la bourse.

Entre ces deux extrêmes il y a bien des procédés intermédiaires ; tâchons de n'adopter que des dimensions convenables et nécessaires.

Calvel, dans son Traité complet sur les pépinières, fait sur cet objet des réflexions qui sont d'autant plus sages qu'il les appuie de faits positifs. Il a planté des arbres dans des terrains défoncés à deux pieds et demi de profondeur, et il en a obtenu les plus beaux résultats. Il en a planté dans des terrains défoncés de quatre pieds, et il n'a nullement remarqué dans les effets l'augmentation à laquelle le surcroît de dépense devait naturellement donner lieu. Il ajoute qu'il est rare que de gros arbres (et à plus forte raison le pêcher) poussent leurs racines jusqu'à quatre pieds de profondeur. Pour s'en assurer, il a visité à deux fois différentes le pied d'arbres plantés depuis douze ans, dans un terrain défoncé de quatre pieds de profondeur, et à chaque fois il a trouvé que les racines n'étaient point descendues si avant sous terre (1).

(1) Les fosses en seront creusées fort grandes pour, à l'aise, y

Il en conclut que la fouille de quatre pieds est une dépense superflue, et il se borne à deux pieds et demi qui
paraissent en effet une mesure convenable ; mais, ajoute-
t-il avec toute raison, il faut mettre en étendue ce qui est
inutile en profondeur, et cette étendue, d'après les auteurs
et praticiens les moins exigeants, ne peut pas avoir moins
de six pieds sur toute face ou trente-six pieds carrés, ce
qui, pour une plate-bande qui n'aurait que trois pieds de
large, donnerait une fouille de douze pieds de long. Avec
ces dimensions on aura de beaux arbres. Si l'on restreint
la dépense on restreindra le produit comme on augmentera
l'un et l'autre par de plus fortes dimensions ; mais celles
que j'indique ici donneront des résultats qui, sans avoir
rien d'extraordinaire, satisferont aux désirs des propriétaires.

Quant à la manière dont le défoncement doit être fait,
l'ouvrier, pendant l'opération, doit avoir le soin de rejeter
toutes les pierres et toutes les racines qu'il trouve dans la
terre, comme de bien diviser toutes les mottes avec sa
bêche. Il doit encore ne pas oublier de mettre à part toute
la terre de la superficie qui est communément meuble et
végétale jusqu'à la profondeur de quinze à dix-huit pouces,
et de jeter d'un autre côté la terre du fond du trou. Si,
avant d'arriver à la profondeur de deux pieds et demi, il
trouvait un banc d'argile ou de tuf, ou l'eau en nappe, il

pouvoir loger et allonger les racines des arbres, pas trop profondes,
cela n'étant pas nécessaire, vu que les racines ne pénètrent guère
en bas par l'amertume et crudité de la terre qu'elles refusent.
(Olivier de Serres, livre 6, chap. 19.)

serait inutile et même dangereux de descendre la fouille plus avant. S'il ne restait que deux pieds de bonne terre on pourrait encore y planter des arbres, surtout si, lors de la plantation, on rapportait six pouces de terre; mais si avec cette addition la plate-bande avait moins de vingt pouces de bonne terre, il faudrait renoncer à y cultiver des pêchers; des arbrisseaux seuls et des plantes potagères y pourraient réussir.

Si la terre du défoncement était très-argileuse il faudrait, pour la diviser et la rendre plus pénétrable aux influences de l'atmosphère, la mélanger avec du sable ou de la terre de bruyère, si l'on peut s'en procurer. Dans le cas d'une terre trop légère par surabondance de sable, il faudrait au contraire recourir à une terre argileuse qui donnerait au sable la consistance dont il manque. On conçoit qu'il y a dans tout cela du plus ou du moins suivant la nature de la terre, suivant la fortune et le goût des propriétaires. Des personnes riches ou des spéculateurs intelligents peuvent (ce qui est préférable à tout) remplir la fosse avec des terres provenant de gazons retournés ou bien mettre dans le fond un lit de ces mêmes gazons non encore consommés, ou bien enfin ajouter à la fertilité de leur terrain par une addition de fumier, de curures de fossés, de cendres, de chaux, de marne, etc.; le tout suivant la nature du sol. Les produits, comme je l'ai dit, seront en proportion des soins qu'on aura pris; mais pour avoir des productions satisfaisantes, le défoncement est de rigueur pour tout le monde. Ce défoncement doit être fait plusieurs mois avant la plantation. Il est mieux de laisser le trou découvert jusqu'au jour où l'on doit planter.

15 *

Mais si quelques circonstances obligeaient de rejeter les terres dans le trou, il faudrait avoir le soin de mettre toutes les terres de la superficie dans l'endroit où le jeune arbre doit être planté, de manière que dans les premières années ses racines nouvelles ne se développent que dans cette terre végétale engraissée et ameublie à la superficie du sol par les influences de l'atmosphère.

CHAPITRE HUITIÈME.

Du choix et de la greffe des arbres.

Quand le terrain, le mur et le treillage sont préparés, il reste à faire le choix des arbres que l'on veut planter.

Ce choix a pour objet deux choses également essentielles : d'abord l'espèce des fruits que l'on désire, et en second lieu la condition des individus que l'on doit planter.

Quant au premier point, comme il entraîne des détails un peu longs, j'en ferai un chapitre particulier que je renvoie à la fin de ce mémoire.

Je passe de suite aux qualités que doit avoir un jeune pêcher pour être bon à planter; et la première question qui se présente est de savoir s'il doit être greffé sur prunier ou sur amandier. Il réussit bien sur l'un et sur l'autre; mais les racines du prunier tracent, et celles de l'amandier plongent. Il en résulte que dans les terrains peu profonds ou humides on préfère ordinairement le prunier. Dans ceux, au contraire, qui ont beaucoup de profondeur et peu d'humidité, on choisit le pêcher greffé sur amandier. Ce dernier a plus d'analogie avec le pêcher; il s'en rapproche plus que le prunier, par ses feuilles, par son mode de végétation et par l'époque de sa floraison ; il donne des arbres plus vigoureux et d'une plus grande étendue. Aussi beaucoup de cultivateurs, sans s'arrêter à la nature du terrain, ne plantent jamais de pêchers que greffés sur amandier. C'était l'avis de Decombes et de Duhamel; c'est celui de Laville-Hervé. *Je m'embarrasse fort peu*, dit ce dernier, *de la distinction des terres fortes ou légères, de celles qui ont du fond ou qui n'en ont pas; j'ai toujours préféré de greffer sur amandier, dans quelque terrain que ce soit.*

Le prunier a encore contre lui l'inconvénient très-grave de ses racines traçantes, que le fer de la bêche atteint à chaque façon donnée aux plates-bandes, et dont les blessures donnent naissance à une multitude de rejets aussi désagréables dans un jardin, que nuisibles à l'arbre lui-même qu'ils épuisent.

J'ajouterai ici pour les cultivateurs qui voudront planter des sauvageons et écussonner sur place, que le pêcher réussit fort bien greffé sur lui-même, ainsi que greffé sur abricotier. La difficulté de se procurer, dans les pépinières, des noyaux de pêches, est certainement la véritable raison pour laquelle nous ne l'y voyons greffer que sur prunier et sur amandier. Le Berriais, dans son nouveau

Laquintinie, cite des greffes de pêcher sur pêcher qui lui ont donné des arbres grands, vigoureux, exempts de gomme et de toute maladie. Il remarque seulement que les sujets provenaient de noyaux de pêches fines, et que des écussons mis sur des sujets provenant de noyaux de Sanguinolle ou autres mauvaises pêches, prenaient difficilement, ou subsistaient très-peu de temps, périssant par la gomme, dès la seconde, la troisième, et souvent dès la première année.

Ceux qui grefferont sur amandier choisiront l'espèce à coque dure, ayant l'amande douce. M. Hervy a observé que les sujets provenant d'amandes amères ne conviennent que pour la Bourdine, la Madeleine rouge, la Royale et les trois Violettes.

Pour greffer sur prunier on prend des sujets de gros et petits Damas, de gros et petits Saint-Julien. M. Hervy a encore remarqué que le petit Damas ne convenait pas pour les pêches lisses et les chevreuses. Ces mêmes espèces, suivant Decombes, ne réussissent bien que sur le prunier de Saint-Julien-Jorré.

On greffe sur prunier depuis la mi-juillet jusqu'à la mi-août; un peu plus tard sur abricotier, et depuis la mi-août jusqu'à la mi-septembre, sur le pêcher et sur l'amandier. Pour tous il faut que la seconde sève des sujets soit sur son déclin; autrement on aurait à craindre l'inconvénient de la gomme.

On choisit en amandier des sauvageons âgés d'une année de semis. La tige qu'on leur laisse pousser est, dans la saison convenable, greffée sur le vieux bois à environ quatre pouces de terre, avec deux écussons levés sur des arbres bien sains, et que l'on place à droite et à gauche de la tige. Les yeux de ces deux écussons sont destinés à donner les deux premières branches sur lesquelles tout l'arbre doit être formé plus tard; et l'on comprend que si l'on ne voulait qu'une palmette, un seul écusson suffirait. Il faudrait alors le placer en avant, et non sur les côtés, ou encore moins du côté du mur.

Au mois de février suivant, la tige du sauvageon est rabattue sur un œil placé au-dessus des greffes. La destination de cet œil étant uniquement d'attirer la sève au-dessus des écussons et d'assurer leur reprise, le bourgeon qui proviendra de cet œil sera, par un pincement réitéré, maintenu, pendant cette année, dans un état continuel de faiblesse, et l'œil, ainsi que les trois ou quatre pouces du sauvageon qu'on a ainsi laissés au-dessus des écussons seront supprimés à la taille de l'année suivante.

Les détails ci-dessus pourront convenir aux cultivateurs qui ne voudront planter que des arbres greffés dans leur jardin, et je dois ici m'arrêter un instant sur les inconvénients graves attachés aux acquisitions que l'on va faire dans les pépinières. Sans doute il est des pépiniéristes honnêtes, consciencieux et dignes de la confiance publique. Mais même en les supposant tous incapables de la plus légère fraude, il n'en reste pas moins vrai que l'erreur qui, pour celui qui plante, équivaut à la fraude, que l'erreur, dis-je, est presque inévitable dans les pépinières. Les détails multipliés que ces établissements entraînent y sont forcément abandonnés à des sous-ordres, et le pépiniériste, qui ne peut tout faire par lui-même, reçoit souvent des reproches qu'il n'a pas personnellement mérités. Mais qu'ils soient mérités ou non, on conçoit le cruel désappointement d'un propriétaire qui, ayant consacré beaucoup de temps et d'argent à préparer ses murs, son treillage et son terrain, reconnaît, après trois ou quatre années de plantation, qu'il n'a pas reçu les espèces qu'il a demandées, ou, comme cela arrive quelquefois, qu'il n'a qu'une seule et même espèce dans tous les arbres de son espalier.

Dans les pépinières, les arbres sont ordinairement on ne peut pas plus mal déplantés, les pivots sont supprimés, les racines mutilées, et bien souvent *sa déplantation* s'en fait comme *l'arrachage* d'une haie et de vieux bois destinés au feu.

D'un autre côté, les arbres transportés au loin sont négligés dans les magasins de roulage, exposés à la pluie ou à la gelée, et souffrent dans le trajet.

Tous ces inconvénients réunis ont dégoûté beaucoup de propriétaires, et dans les établissements soignés on plante, le long de ses murs, des sujets venus de noyau (pêche, abricot, prune ou amande), et ces sujets sont écussonnés sur place avec des espèces choisies chez soi ou chez ses voisins, et dont alors on est parfaitement sûr. Ce moyen n'a d'autre inconvénient que de retarder les jouissances d'une année, et cette légère perte de temps est bien surabondamment compensée par la vigueur des arbres, par la certitude des espèces plantées, et par l'absence de tous les inconvénients qui sont presque inséparables de l'achat fait dans les pépinières.

Malheureusement deux obstacles s'opposent à ce qu'on prenne dans notre département un parti aussi sage.

D'abord la funeste incurie qui préside à nos travaux de jardinage, et en second lieu la difficulté de se procurer ici des greffes de certaines bonnes espèces de pêches qui doivent entrer dans le choix d'un propriétaire.

Revenons donc aux pépinières.

La première chose qu'il convient de ne pas négliger, c'est de faire sa demande de bonne heure ; par là on évitera d'être fourni avant que les provisions de la pépinière soient épuisées, et l'on conçoit que ce cas est pour le pépiniériste une forte tentation de substituer une espèce à une autre. En second lieu on pourra reconnaître, avant qu'on les aie fait disparaître, les signes de maladie que portent les jeunes arbres, le blanc qui se voit sur les feuilles des extrémités, la gomme qui se manifeste par de petites taches, par la mort ou par le dessèchement de quelques faux bourgeons.

Dans son choix il faut rejeter les arbres qui n'ont pas l'écorce lisse, claire, vive et saine, ceux qui sont faibles, tortus, rabougris, ceux enfin dont la greffe a été *reboitée*. Ce dernier point demande une explication.

Quelquefois un pépiniériste n'a pas pu vendre en une année tous les arbres qu'il avait préparés pour la vente. Ne voulant pas perdre ceux qui lui restent il en rabat la tige sur l'insertion de la greffe. Il en use de même pour tous ceux qui, la première année, ont eu une pousse défectueuse : c'est ce qu'on appelle *rebotter*. De tels arbres qui ont encore l'inconvénient d'avoir été déplantés et replantés doivent être rejetés , quelque séduisante que puisse être leur nouvelle tige.

En choisissant des arbres sains et vigoureux il faut surtout porter une attention particulière sur les yeux du bas de la tige. Ces yeux sont l'espoir de tout l'arbre, puisque ce sont les seuls qui resteront quand, au printemps, la tige aura été coupée ; et s'ils étaient endommagés ou supprimés par un accident quelconque, il faudrait remonter la coupe de la tige à une hauteur qui ferait perdre de la place dans le bas de l'espalier. Il faut donc donner l'exclusion à de pareils arbres, quelque saines et vigoureuses que soient leur tige et leurs racines.

Il serait bien à désirer qu'on pût surveiller soi-même ou faire surveiller la déplantation des arbres. A proprement parler ce sont des racines qu'on va acheter dans une pépinière, et trop souvent l'arracheur d'arbres ne vous en donne pas pour votre argent. Ces malheureuses racines sont tellement raccourcies, cassées, écorchées, éclatées, tronquées, qu'il y aurait un gain réel à donner un salaire aux ouvriers pour en obtenir une ouverture de trou de fouille un peu plus grande et des ménagements, des précautions dont l'absence nuit singulièrement à la reprise des arbres.

CHAPITRE NEUVIÈME.

Époque de la Plantation.

« Le signe assuré pour planter sans inconvénient, dit

« Calvel, est lorsque les feuilles de l'arbre sont jaunes et
« que le bouton est bien formé. »

Cette époque arrivée (environ la mi-octobre), plus on se
hâtera de transporter les arbres et plus leur reprise sera
assurée. Il n'est donc nullement nécessaire d'attendre le
retour du froid, ni même la chute totale des feuilles.

Au surplus les plantations peuvent avoir lieu pendant
tout le temps de la suspension, ou plutôt du ralentisse-
ment de la sève, c'est-à-dire depuis la mi-octobre environ jusqu'au commencement de mars. Les meilleures
sont celles qui se font avant l'hiver.

CHAPITRE DIXIÈME.

Distance à observer entre les arbres.

Si l'on plante dans un mauvais terrain où l'on n'aura
fait ni défoncement ni addition de terre nouvelle, on
pourra sans doute planter les pêchers comme on le fait
aujourd'hui à huit ou dix pieds de distance, et ces arbres
y seront encore trop à l'aise; mais dans la vérité si l'on
vise à l'économie il sera plus économique encore de ne
pas planter du tout, du moins des pêchers; car un mur
et son treillage sont une dépense considérable, et cette
dépense est à peu près perdue, si l'on n'y ajoute celle in-

dispensable et bien moins coûteuse du défoncement. Il serait assurément plus sage alors de consacrer son mur et sa bonne exposition à une treille qui, exigeant moins de frais et de soins, donnera au propriétaire des jouissances plus assurées, plus abondantes et moins coûteuses.

Je ne parle donc ici que pour les propriétaires qui, ayant donné à la préparation du terrain les soins convenables, désirent savoir la distance qu'il faut observer entre 1 esarbres dans une plantation d'espalier.

Cette distance, ou, ce qui est la même chose, l'espace qu'un pêcher peut couvrir en superficie, dépend essentiellement de la qualité de la terre dans laquelle il est planté. Il est à croire que tous les terrains ne ressemblent pas à celui de Vaux-Praslin où M. Sieulle a élevé des pêchers qui ont soixante-dix pieds d'envergure sur six pieds de hauteur, ce qui donne près de douze toises carrées en superficie; mais dans les bons terrains ordinaires le pêcher peut couvrir de six à neuf toises carrées, c'est-à-dire que sur un mur de neuf pieds de hauteur on peut planter de vingt-quatre à trente pieds de distance, et de dix-huit à vingt pieds dans les terrains médiocres, ce qui donne de quatre à cinq toises de superficie.

Le pêcher ne couvrant qu'au bout d'un certain temps l'espace qu'on lui consacre, quelques personnes, pour remplir les vides temporaires, plantent, dans les intervalles, des arbres dont l'existence ne doit être que momentanée, et qui, jusqu'à leur suppression, sont taillés en raison de leur destination. Si la plantation de ces derniers arbres est faite avec le même soin que celle des arbres à demeure, la dépense n'est plus en rapport avec son objet; si la plantation a été légèrement soignée, les arbres rapporteront bien peu. Je crois préférable, pour ces plantations provisoires, de choisir des pieds de treille. La vigne, taillée en cordons superposés les uns aux autres, se prête mieux qu'aucune autre espèce d'arbre à l'extension et aux suppressions que la végétation des arbres à demeure peut nécessiter plus tard; et si, pour ces pêchers, le terrain trompait les espérances de la plantation, si les pêchers n'occupaient pas tout l'espace qu'on leur a destiné, la treille seule pourrait s'étendre et s'allonger suivant le besoin des circonstances. Cet avantage précieux de pouvoir remédier aux mécomptes en plus comme en moins que peuvent présenter les résultats d'une plantation me déterminerait volontiers à ajouter quatre ou six pieds de plus à l'espace destiné à chaque pêcher. Dans le cas où les arbres resteraient dans les limites présumées, ces quatre ou six pieds seraient toujours utilement occupés par la présence d'une treille de nos très-bons chasselas.

Je crois inutile d'ajouter que depuis longtemps on a abandonné l'idée de planter en espalier des arbres de haute tige. Le mur eût-il douze pieds de hauteur, un pêcher nain doit le couvrir aisément si la plantation a été faite avec soin.

CHAPITRE ONZIÈME.

De la plantation.

—

Les arbres transplantés ont besoin pour pousser de nouvelles racines des mêmes conditions de végétation qui sont nécessaires à la germination des graines : la chaleur et l'eau. La chaleur se trouve toujours dans la terre en suffisante quantité, même en hiver; mais quant à l'humidité, les racines des arbres transportés au loin arrivent après un long trajet dans un tel état de dessèchement, que si on se reposait uniquement sur l'humidité de la terre pour obtenir le développement du nouveau chevelu, il se ferait attendre très-longtemps; la reprise de l'arbre serait ajournée d'une manière fâcheuse, et quelquefois même le succès de la plantation serait compromis. Il est donc utile de faire tremper dans l'eau les racines des arbres quand ils arrivent des pépinières.

Beaucoup d'auteurs conseillent l'eau des mares ou celle de fumier; mais d'après des expériences récentes et curieuses relatives à l'influence des engrais sur la végétation, il est plus que probable que l'eau simple est préférable pour cette immersion (1).

(1) Le professeur Giovacchino Taddei, de Florence, a constaté, par des expériences confirmées par d'autres faites en France et en Italie, que l'action des engrais, qui est utile, nécessaire, et quelquefois indispensable à l'alimentation des plantes quand elles ont

Si les arbres, par l'effet du transport, ne sont pas restés hors de terre plus de trois à quatre jours, il suffira d'en faire tremper les racines pendant quelques heures; mais si le transport a été long, un ou deux jours d'immersion seront nécessaires.

commencé à pousser des racines, est funeste à la germination des graines qui, au contraire, germent parfaitement avec le secours de l'eau pure.

Ces expériences, il est vrai, ont été faites sur des graines et non sur des racines d'arbres; mais il me paraît y avoir une grande analogie entre l'action de l'humidité sur les racines desséchées des arbres au moment où on les plante, et celle qui se fait sur les graines quand on les sème.

Les graines, pour germer, n'ont pas besoin de substance nutritive. La nature y a pourvu d'avance, et les cotylédons fournissent suffisamment à l'alimentation de la plante dans les premiers moments de son développement, et lors de l'apparition de ses premières racines. Pendant cette période de temps, non seulement les principes de nutrition, contenus dans les engrais, sont inutiles aux semences germantes, mais encore, d'après des expériences du professeur Florentin, ils les font pourrir. C'est donc uniquement de principes de fermentation dont les semences ont alors besoin, et tel est positivement le résultat du contact de l'eau avec les graines : l'eau est absorbée par elles ; elle les gonfle, les distend ; elle en amollit les enveloppes, et, réunie à la chaleur, elle donne la première impulsion à cette fermentation végétale qui, bientôt, fait sortir la radicule et la plantule. Quand l'une et l'autre sont complètement formées, les cotylédons nourriciers sont épuisés ; alors commence pour la terre le soin d'alimenter la plante; alors, mais alors seulement, l'action des engrais devient utile et nécessaire.

Maintenant le but que l'on se propose en imprégnant d'humidité les racines desséchées des arbres me paraît ressembler beaucoup à celui qu'on a en faisant tremper des graines dans l'eau. Dans l'un et l'autre cas il ne s'agit pas de nourrir, d'alimenter, mais

16 *

Quelquefois les arbres ne doivent être plantés à demeure que longtemps après leur arrivée, ce qui est fâcheux; il ne faut pas alors les faire tremper dans l'eau, mais seulement les enterrer de manière que la terre couvre bien leurs racines et les préserve de l'action de l'air et de la gelée.

de faire gonfler et distendre le premier rudiment des futures racines, d'en amollir les enveloppes, et enfin avec le concours de la chaleur de revivifier le principe endormi et presque éteint de la fermentation végétale.

Dans la marche ordinaire de la végétation, les racines n'absorbent pas les sucs alimentaires des engrais par voie d'imbibition, comme celle de l'éponge dans l'eau, mais par voie d'élaboration par une espèce de digestion qui écarte les sucs grossiers, et qui n'assimile à la substance de la plante que la substance quintessentielle de l'engrais; mais en plongeant une racine desséchée dans du jus de fumier, cette racine qui, par suite de son état de siccité, a une grande force d'absorption, s'imbibera, se pénétrera sans élaboration, sans préparation de tous les sucs grossiers de l'engrais, sucs qui, dans l'état naturel de la végétation, dans l'état le plus florissant de l'arbre, ne doivent pas plus se trouver dans les racines qu'elles ne doivent se trouver dans les graines germantes. Il y a donc au moins inutilité à faire tremper les racines des arbres dans le jus de fumier.

Mais ces sucs inutiles qui resteront sans emploi dans les fibres de la racine n'y déposeront-ils pas des causes d'irritation ou de corruption? Tout porte à le croire. En effet, dans un cas à peu près semblable, ce qui est inutile devient nuisible, et fait pourrir les germes. D'un autre côté, l'expérience a prouvé que la présence des eaux de fumier, sur les racines des arbres plantés depuis longtemps, devient pour eux une cause de gomme et de chancre. Il paraît donc au moins prudent de ne pas faire tremper les racines des arbres dans le jus de fumier, et de s'en tenir, pour cet objet, à l'eau pure dont l'usage remplit parfaitement le but qu'on se propose et ne présente jamais de danger.

Nous supposons qu'en défonçant le terrain on a rejeté et fait enlever toutes les pierres, cailloux, débris de tuiles, ardoises, bois, et enfin les racines qui ont pu s'y trouver. Nous supposons qu'on a mis d'un côté toute la bonne terre végétale qui est à la superficie et d'un autre côté la terre provenant du fond du trou.

Nous supposons encore que les terres de la fouille ont été rejetées plus tard dans le trou avec les précautions que nous avons indiquées, et si, ce qui serait mieux, le trou n'avait pas été comblé, on le ferait combler la veille ou quelques jours avant celui de la plantation.

Je dois faire observer que la terre de la superficie prise sur un carré voisin serait excellente pour cet objet, et assurerait la plus belle végétation à l'arbre qui y développerait ses racines. La terre, non végétale, provenant du fond de la fouille, serait portée dans le carré pour remplir le vide qu'on y aurait fait, et cette terre, exposée désormais aux influences de l'air, bêchée et fumée, deviendrait bientôt aussi fertile que celle qu'elle aurait remplacée.

Il convient de choisir, pour planter, le moment où les terres sont ressuyées ; elles coulent plus facilement en les répandant sur les racines et s'insinuent mieux dans toutes les cavités que présente ordinairement le point où elles sortent du tronc.

On a dû se prémunir, pour chaque arbre, d'une brouettée de terre meuble, végétale et passée à la claie, destinée à envelopper immédiatement les racines du jeune arbre quand il sera planté ; et si l'on a prévu ne pas pouvoir s'en procurer par des gazons consommés ou autrement, il faut au moins avoir fait réserver en dehors du

trou la meilleure terre végétale, provenant de la fouille.
Ces précautions prises, on fera dans l'endroit où l'arbre
doit être planté une ouverture proportionnée aux dimensions des racines de l'arbre.

Ces racines doivent être examinées soigneusement ;
toutes celles qui sont cassées, éclatées ou chancreuses,
seront coupées au-dessus de la fracture ou de la plaie ;
toutes les autres resteront intactes, quelques longues
qu'elles soient ; seulement elles seront rafraîchies par le
bout. La coupe doit toujours s'en faire en dessous, et en
bec de flûte, de manière qu'elle appuie sur la terre quand
l'arbre est planté.

Quant aux écorchures des racines, si elles ne sont pas
considérables, il suffira de retrancher autour de la plaie
toutes les parties froissées de l'écorce, et de couvrir la
plaie entière d'onguent de Saint-Fiacre. Il ne faudrait
couper la racine écorchée que dans le cas où le mal serait
très-grave. On supprimera le chevelu s'il est desséché. On
ne peut le laisser qu'aux arbres nouvellement déplantés.

Si l'arbre a un pivot, il est essentiel de ne le point
couper ; mais il faut le courber, en choisissant le sens
dans lequel il s'y prête le mieux. Si la coupe du sujet n'est
pas recouverte par la greffe, on la couvrira avec l'onguent
de Saint-Fiacre.

· L'arbre étant ainsi préparé, ou, comme disent les jardiniers, *habillé,* il faut le mettre dans le trou qu'il doit
occuper ; et ici se présentent plusieurs points importants :

Premièrement, la hauteur à laquelle il doit être mis.

Les personnes qui plantent tombent presque toujours
dans l'inconvénient de trop enfoncer les racines des arbres.

Un arbre, ainsi planté, perd la moitié de ses avantages, et le besoin qu'il éprouve de jouir, même sous terre, des influences de l'atmosphère. Ce besoin, disons-nous, est si pressant pour lui, que, quand il est trop enfoncé, il pousse à la hauteur convenable un nouvel étage de racines. Mais ordinairement le remède est insuffisant, et l'arbre reste languissant. Pour éviter cet inconvénient grave, et connaître le véritable degré de hauteur auquel les racines doivent être enterrées, il y a un moyen simple, c'est de placer l'arbre comme il était dans la pépinière. L'écorce de la tige et celle des racines donnent, à cet égard, des indications qui ne peuvent tromper. On ne doit ajouter quelque chose à cette profondeur que dans les terres sablonneuses et très-légères.

En observant cette règle, on conçoit qu'on ne peut faire la faute également grave d'enterrer la greffe, puisque dans les pépinières les arbres sont toujours greffés au-dessus de terre.

Mais cette précaution serait encore insuffisante si l'on ne faisait attention que dans un terrain fraîchement remué il se fait toujours un affaissement d'un pouce par pied. Il faut donc s'élever en proportion de cet affaissement, et si l'on veut que la plate-bande de l'espalier soit en pente vers l'allée qui la borde, il faudra encore ajouter à cette élévation la hauteur de la pente que l'on veut donner.

Cette pente est très-convenable dans les terrains humides. Dans ceux qui sont secs et brûlants, on peut l'établir en sens inverse, la terre inclinée vers la muraille. Les divers projets qu'on a à cet égard doivent servir de règle pour la hauteur à laquelle l'arbre doit être planté; mais quelle que soit cette hauteur, il ne faut pas que ses racines soient plus recouvertes qu'elles ne l'étaient dans la pépinière, sauf, comme je l'ai dit, dans les terres légères.

Un autre objet qui mérite l'attention du jardinier, c'est de déterminer quel côté l'arbre doit présenter, soit au mur, soit au soleil.

Sur ce point, les uns prétendent qu'il faut l'orienter comme il l'était avant sa déplantation, ce qui est difficile à reconnaître et inutile à observer.

D'autres, avec plus de raison, disent qu'il faut se déterminer par la position des racines; qu'il est essentiel de ne point les diriger du côté du mur, de les bien espacer, étaler et distribuer également, afin qu'elles puissent aller chercher de tous les côtés la vie de l'arbre, et utiliser tous les avantages de la terre qu'on a remuée ou rapportée. Je partage cet avis. Cependant on va voir qu'il est des cas où la position des racines doit être subordonnée à la position de la tige.

Lorsque l'on plante un arbre il est indispensable de s'occuper des pousses qu'on exigera de lui la première année. Si l'on ne veut avoir dans l'avenir qu'une palmette, et par conséquent, dans la première année, qu'une seule branche, l'œil qui la doit produire est assez indifférent, et pourvu qu'il ne soit pas du côté du mur, ce qui mettrait la coupe du côté du soleil, les trois autres côtés sont bons, et alors on peut prendre, relativement à chacun de ces trois côtés, la position des racines pour guide dans la plantation.

Mais si, comme c'est l'ordinaire, on veut avoir des arbres formés sur deux branches mères, il faut bien nécessairement que le jeune arbre, dans la première année, donne deux rameaux placés, l'un à droite et l'autre à gauche. Les deux yeux qui doivent produire ces rameaux doivent donc se trouver placés sur les côtés. Or, s'il résultait de la position des racines que les yeux du bas de la tige sur lesquels il faut compter se trouvassent placés l'un en avant du côté de la plate-bande, et l'autre en arrière du côté du mur, on conçoit qu'alors la formation de l'arbre deviendrait très-difficile, et sa forme très-ridicule. Dans ce cas la position des racines doit être, dans la plantation, subordonnée à la position de la tige, et la situation des deux yeux, qui sont toute l'espérance de l'arbre futur, doit seule servir de règle. Si, comme cela arrive le plus souvent, la greffe du jeune arbre n'a pas recouvert la coupe du sujet, il est encore à désirer que cette coupe soit tournée du côté du mur, et non du côté du soleil. Tous ces motifs, comme on voit, peuvent se contrarier; mais je crois que celui qui résulte de la position des yeux est le plus important. Du parti que l'on sera forcé de prendre il peut résulter quelque contrainte pour les racines; mais il faut faire attention que la sève y agit de la même manière que dans les branches, et que quand son développement s'y trouve gêné sur quelque point, là comme dans les branches elle se rejette d'un autre côté.

Avant de placer l'arbre à demeure, on hache, avec le tranchant de la bêche, la terre sur laquelle il doit poser, pour qu'il n'y reste aucune motte de terre ou de gazon. On place ensuite l'arbre de manière que le bas de la tige soit à six pouces de l'espalier, et que la tige elle-même soit un peu inclinée vers le mur. Toutes ses racines doivent passer par la main du planteur. Elles seront étalées dans toute leur longueur autant que possible. Cela fait, on commence à le couvrir de la terre douce, meuble et substantielle que l'on a réservée pour cet objet. A mesure que cette terre est, non pas jetée, mais émiettée au-dessus du trou, le planteur la fait entrer avec les doigts dans tous les petits intervalles qui se trouvent entre les racines. Une ou deux fois on secoue l'arbre de bas en haut, et, quand toutes les racines sont couvertes, on achève de remplir le trou avec la même terre.

Presque tous les jardiniers ont pour habitude de fouler avec le pied la terre d'un arbre après qu'il est planté. Par ce procédé, ils déplacent les grosses racines, fatiguent très-inutilement les petites, et, en comprimant la terre de la superficie, ils la privent des influences de l'air qui ne peut plus la pénétrer. Ils appellent cela *plomber la terre*. Ce procédé est tout à fait contraire à la saine raison, et doit être remplacé par un autre dont les avantages sont incontestables.

Pour assurer la reprise d'un arbre, il faut que ses racines soient, comme avant la déplantation, en contact sur tous les points avec la terre. Sans doute qu'en s'affaissant autour des racines, la terre remplit à la longue cet objet; mais elle met à faire cette opération un temps considérable, et si l'on veut faire en deux minutes ce que la nature ne fait quelquefois qu'en une année de temps, si l'on veut faire complètement ce qu'elle ne fait quelquefois qu'imparfaitement, il faut verser sur l'arbre planté un arrosoir d'eau. Pour cela il faut faire avec la terre un petit bassin autour de la tige. L'eau qu'on y verse, à plusieurs reprises, pour lui donner le temps de s'imbiber, pénètre la terre de toutes parts. L'affaissement s'en opère de suite et à vue d'œil. De suite les racines se trouvent entourées d'une forte terre convertie en boue, et quand l'eau est imbibée, la petite excavation que l'affaissement a produite est remplie avec de la terre que désormais on laisse telle, et sans la fouler avec le pied.

Quant à la tige du jeune arbre, on la laissera entière jusqu'à la fin de février. Seulement on en attachera les sommités au treillage, pour empêcher les vents violents de l'agiter et de déranger la plantation.

CHAPITRE DOUZIÈME.

Des Labours.

Le pêcher, ainsi que tous les autres arbres, exige pour prospérer une terre ameublie par les labours; mais ces labours doivent être légers, et pour ne pas offenser les racines surtout des arbres greffés sur prunier, il vaut mieux se servir de la houe (connue ici sous le nom de *fessoi*) que de la bêche. Le premier labour se donne avant les gelées, le second après la taille. En été, quand la terre en a besoin, c'est-à-dire quand il faut détruire les herbes qui croissent sur la plate-bande, on se borne à de légers binages, pour lesquels la ratissoire peut suffire.

17

CHAPITRE TREIZIÈME.

Des Fumiers et Engrais.

———

On a longtemps agité la question de savoir si la terre des espaliers devait être fumée ou non. Laquintinie était pour la négative, l'expérience a prononcé pour l'affirmative.

Les adversaires du fumier prétendent qu'il empêche les jeunes arbres de se mettre à fruit. L'assertion peut être vraie; mais, à mon avis, elle convient mieux dans la bouche d'un fermier à court terme que dans celle d'un propriétaire. Si le fumier empêche de jeunes pêchers non encore formés de se mettre à fruit, c'est parce qu'il leur donne un surcroît de force et de vigueur; or cette vigueur si nécessaire pour obtenir les fortes dimensions qu'un bel arbre doit avoir ne sera jamais un défaut aux yeux du propriétaire; elle peut effectivement retarder ses jouissances, mais elle les centuplera plus tard.

Les mêmes adversaires prétendent encore que le fumier fait pousser au pêcher une multitude de gourmands et de fortes branches qu'il faut, ajoutent-ils, supprimer plus tard, et dont la suppression nuit à la santé de l'arbre. Cette objection qui, comme la première, ne repose que sur la vigueur donnée aux arbres par le fumier, cette seconde objection, dis-je, n'était bonne que dans le temps où l'on ne savait pas prévenir la naissance des gourmands; mais aujourd'hui qu'avec les procédés de l'école nouvelle les gourmands ne se retrouvent plus que sur les arbres des jardiniers ignorants ou négligents, on ne peut voir dans la cause qui produit ces fortes branches qu'une force de végétation que le cultivateur intelligent appelle de tous ses vœux. Il est donc utile et souvent indispensable de fumer les pêchers jeunes comme vieux, et l'usage, dans beaucoup d'endroits, est de fumer au moins tous les trois ans; il serait plus sage de fumer légèrement tous les ans.

Le fumier doit être bien consommé, être conduit et enterré avant l'hiver. Si l'on employait du fumier vert, il faudrait lui laisser passer l'hiver sur terre, et ne l'enfouir qu'après la taille. Il ne doit pas être placé uniquement autour du pied des arbres, mais sur toute la superficie du terrain que les racines sont présumées occuper.

J'ai déjà dit que le meilleur des engrais consistait dans des terres neuves ou des gazons consommés mis à la place des terres usées par les racines des arbres; mais cet engrais coûteux, à raison des déplacements qu'il exige, doit être réservé pour de vieux arbres qui ont besoin d'être restaurés.

Dans l'emploi du fumier, comme dans tout autre chose, il faut éviter les excès. Une fumure excessive donne à la sève une crudité qui influe sur la qualité des fruits, et en même temps une abondance et une énergie d'action auxquelles ses conduits ordinaires ne peuvent pas suffire. La sève alors déchire ses enveloppes et se répand de toutes parts, formant en dehors et en dedans des branches des dépôts de gomme qui, bientôt, dégénèrent en chancres. Une légère fumure, renouvelée tous les ans, convient donc mieux, comme je viens de le dire, qu'une plus abondante donnée tous les trois ans, et surtout qu'une qui serait excessive. L'uniformité qu'on mettrait dans la manière de fumer se retrouverait dans la marche de la végétation, et par suite dans la taille et dans la manière de conduire les arbres. Quand au contraire on fume à des intervalles éloignés, la végétation plus vigoureuse pendant le cours de l'année qui suit la fumure exige une taille plus allongée et un mode de conduite particulier, mode et taille qu'il faut changer dans les années où l'on ne fume pas. Cette observation mérite toute l'attention des jardiniers.

Les plates-bandes des espaliers se trouvant à des expositions chaudes et bien abritées par les murs, présentent aux jardiniers des avantages précieux pour certaines cultures hâtives. Beaucoup d'amateurs soigneux s'interdisent cette ressource; beaucoup d'auteurs la blâment, et Butret ne tarit pas en anathèmes contre ceux qui en usent. J'avoue que je suis sous cet anathème; il est vrai que je fume tous les ans légèrement les plates-bandes qui ont neuf pieds de large; je n'y mets ni plantes à racines plongeantes, comme betteraves, scorsonères, etc., ni plantes à tiges élevées dont l'ombrage nuirait à la végétation des arbres. Je me borne à quelques salades d'hiver, choux-fleurs, choux d'Yorck, etc. Ces plantes une fois récoltées, la plate-bande reste inoccupée pendant tout l'été et nettoyée de toutes herbes par autant de ratissages que les circonstances l'exigent. Avec ces soins, je ne remarque, dans la culture des plates-bandes, aucun inconvénient pour les arbres, et je pense que, dans notre département, bien peu de jardiniers et même de propriétaires voudraient, par un surcroît de soins assez inutiles, se priver d'une ressource qu'il n'est pas toujours facile de remplacer dans un jardin; mais, en en faisant usage, je crois aussi qu'il faut y mettre la discrétion dont je viens de parler, et que, par exemple, une planche de petits pois nuirait, par son élévation et son épais feuillage, aux arbres qu'elle priverait d'air, comme des plantes pivotantes affameraient les racines des pêchers sur lesquelles ou autour desquelles elles végéteraient.

CHAPITRE QUATORZIÈME.

Des Arrosements.

Toute végétation exige souvent des arrosements; celle des arbres en exige moins que celle des plantes herbacées, et celle du pêcher n'en veut qu'avec certaines précautions.

Si on arrose lorsque la terre est extrêmement chaude, l'eau y établit une fermentation intérieure qui nuit aux racines. Il faut donc que les arrosements précèdent le moment de l'extrême sécheresse.

En second lieu, quand une fois on a commencé à arroser, il m'a paru qu'on ne pouvait pas interrompre sans inconvénient pour le pêcher, et qu'il souffrait moins de l'absence totale d'arrosement que d'un arrosement non continué.

17*

Dans les terres douces, substantielles et profondes les arrosements sont superflus.

Dans les terres légères et brûlantes on est obligé, dans les grandes sécheresses, d'y avoir recours. Decombes, excellent praticien, conseille, mais pour ces sortes de terre seulement, de jeter de quinze jours en quinze jours trois voies d'eau (trois seaux) au pied de chaque arbre.

Dans ces mêmes terres brûlantes, il invite les jardiniers à envelopper, pendant l'été, le corps des arbres avec de la paille longue liée avec des brins d'osier.

Les jeunes arbres nouvellement plantés, et qui n'ont encore que peu de racines dans le terrain, doivent dans toutes les espèces de terre être arrosés l'année qui suit l'époque de leur plantation.

Une précaution utile pendant les moments d'extrême sécheresse, soit pour les arbres qui doivent être arrosés, soit pour ceux qui n'en ont pas besoin, c'est de couvrir la terre de paille plus ou moins épaisse. Cette couverture arrête l'effet de la chaleur sur le terrain, prévient l'excès d'évaporation, et empêche la terre de se fendre.

Les arbres pompant l'humidité par leurs feuilles autant que par leurs racines, l'arrosement des unes est aussi utile que celui des autres. On se sert pour celui des feuilles de l'arrosoir ordinaire, ou, ce qui est bien plus commode, de la petite pompe de jardinier, dont on plonge l'extrémité inférieure dans un seau plein d'eau. Les effets de cette espèce d'arrosement sont admirables. On peut le renouveler de temps en temps, mais seulement le soir des journées chaudes, quand le soleil ne donne plus sur les arbres; il ranime la végétation, fait grossir les fruits et

écarte des arbres les insectes qui s'y attachent plus volontiers dans les moments où l'extrême sécheresse les fatigue et les fait languir.

CHAPITRE QUINZIÈME.

Insectes et animaux nuisibles.

Les pucerons. — Un des plus redoutables ennemis du
pêcher; on les détruit par des fumigations de tabac ou de
soufre. Forsyth conseille de saupoudrer les feuilles avec
un peu de cendres fines de bois, mêlées d'un tiers de
chaux vive, et de faire suivre ce saupoudrage d'une aspersion d'eau dans laquelle on aura fait infuser de la chaux
vive (deux litrons de chaux pour cent vingt-huit pintes
d'eau); avant de se servir de cette eau, on remuera bien
le mélange deux ou trois fois par jour pendant trois ou
quatre jours, et on laissera la chaux se précipiter. Cet
arrosement ne se fait point pendant que le soleil donne
sur les arbres et se répète pendant au moins six jours
consécutifs.

Les kermès ou *galles-insectes.* — Épuisent les arbres
par la grande quantité de sève qu'ils pompent continuellement, et qui souvent mouille la terre au-dessous des
branches attaquées. Il y en a de deux espèces, les uns,
de forme ronde, ressemblent à de petits grains de poivre;
les autres, plus gros, ont la forme de bateaux renversés.

Depuis la Toussaint ou la chute des feuilles qu'ils aban-
donnent alors jusqu'au commencement de juin, tous sont
attachés aux branches dans un état complet d'immobilité
et y adhèrent si fortement qu'il faut un corps dur tel
qu'une lame de bois pour les en détacher; c'est aussi le
seul moyen de les détruire, et ce moyen doit être employé
après l'époque de la fécondation des femelles , c'est-à-dire
vers la mi-mai, et non plus tard que le 1er de juin,
époque où les petits kermès, presque imperceptibles alors
et ressemblant assez à de petits cloportes blancs, se sé-
parent de la mère pour se répandre sur les feuilles. Les
corps enlevés et pleins de petits insectes non encore développés doivent être emportés loin de l'arbre et détruits.

Les perce-oreilles. — Le meilleur remède consiste à attacher aux branches des arbres ou aux mailles du treillage,
des paquets de branches quelconques de tiges de fève,
etc. Ces insectes s'y retirent pendant le jour, et en se-
couant ces paquets on fait tomber les perce-oreilles que
l'on détruit.

Les fourmis, — qui accompagnent toujours les autres
insectes à raison de la sève miellée que ces derniers pompent sur les feuilles et rendent dans leurs excréments,
ont paru, pendant longtemps, être inoffensives pour les
arbres. Réaumur, Roger Schabol, le Berryais, voyaient
en elles plutôt l'annonce du mal que le mal lui-même.
Aujourd'hui l'on croit qu'elles attaquent elles-mêmes les
arbres, surtout dans les extrémités tendres des jeunes
bourgeons. Le plus souvent en chassant les pucerons et
les kermès, on se débarrasse des fourmis. Quand elles
continuent à se montrer sur les arbres, les fumigations

de tabac et de soufre sont les meilleurs remèdes à employer contre elles.

Si l'on peut trouver leur fourmilière, il faut user du moyen suivant :

Prenez un pieu de bois rond et pointu ou une barre de fer ronde, enfoncez-la dans la fourmillière autant que le terrain vous le permettra; tournez quelque temps la barre en l'appuyant sur les bords, et formez un trou ayant la forme d'un cône peu ouvert et renversé, que vous unirez et solidifierez en appuyant la barre contre les parois. Vous augmenterez l'agitation des fourmis en remuant le terrain; il en tombera des milliers dans le trou où vous les écraserez avec la barre. En ouvrant plusieurs trous et en faisant jouer la barre dans chacun d'eux, vous ferez périr une énorme quantité de ces insectes. Forsyth conseille de jeter de l'eau dans le trou pour noyer les fourmis qui y tombent; j'ai éprouvé que l'emploi de la barre seule est plus expéditif et plus énergique que l'eau.

Tout récemment l'académie d'horticulture vient d'indiquer dans son journal, cahier de septembre 1834, *un moyen de débarrasser en peu d'heures un arbuste, et même un appartement des fourmis qui y sont établies.* Ce moyen consiste à enduire la tige de l'arbre à deux ou trois endroits d'une couche peu épaisse *d'huile de poisson,* d'en appliquer sur quelques rameaux, et d'en répandre quelques gouttes sur les feuilles. L'odeur de cette huile déposée dans une assiette ou autre vase suffit pour éloigner les fourmis de l'armoire, buffet ou autre meuble infesté de ces insectes. Ce moyen ne détruit pas les fourmis, mais si, pour les éloigner, il est aussi efficace qu'on l'annonce, il rendra d'importants services.

Les limaces et les *limaçons* ou *escargots* — attaquent les jeunes feuilles des arbres et entament les pêches, surtout les pêches violettes; la lenteur de leur marche permet de les détruire en les cherchant le matin à la rosée ou pendant les temps de pluie; mais quand les limaces sont trop nombreuses et commettent beaucoup de dégâts sur un espalier, il faut répandre sur la plate-bande de la poussière de chaux vive, ou arroser avec de l'eau de chaux, ou bien encore avec de l'eau de savon et de lessive mêlée avec de l'eau de tabac.

De ces divers remèdes, le meilleur, comme le plus facile, est l'eau de chaux qui se fait avec trois kilogrammes (six livres) de chaux vive que l'on fait fondre dans cent litres d'eau. On doit procéder à l'arrosement aussitôt que la chaux est dissoute, et autant que possible opérer de grand matin.

Les guêpes, frelons et *mouches*, — tous très-friands de fruits, se prennent avec des fioles remplies à moitié d'un liquide emmiellé ou sucré. On multiplie ces fioles sur l'espalier et on a soin de les vider de temps en temps. Quelques cultivateurs soigneux placent, auprès de ces fioles, une femme ou un enfant qui, avec une plume trempée dans de l'huile, touchent toutes les guêpes qui se présentent sur les fioles. On prétend que par ce moyen une personne attentive détruit, en un seul jour, une très-grande quantité de ces insectes.

Les oiseaux — se chassent tant bien que mal par des épouvantails, tels que morceaux d'étoffe de couleur et

plumes attachées à des ficelles que le plus léger vent tient
dans un mouvement continuel. Certaines personnes éta-
lent sur leurs arbres des vieux filets qui écartent plus
sûrement qu'aucun autre moyen ces voisins incommodes.

Les rats et souris. — Bien d'autres que les jardiniers
ont à se plaindre de ces animaux inséparables du séjour
de l'homme et ennemis de tout ce qu'il possède. Aussi
les moyens de les détruire sont-ils multipliés : chacun
connaît les trappes, les quatre-de-chiffre, les poisons et
piéges de toute espèce qu'on emploie contre eux. Je ne
ferai à cet égard que quelques observations.

Quand on se sert de piéges, il faut les placer avant la
maturité des fruits, parce que plus tard les rats préfèrent
de bonnes pêches aux amorces qu'on leur présente.

Quand on veut empoisonner les rats et souris, il vaut
mieux se servir de noix vomique que d'arsenic ou sublimé
corrosif. La noix vomique rend pour cet objet le même
service, et ne présente pas les mêmes inconvénients. Mais
ces appâts meurtriers pouvant encore empoisonner les
chats et les chiens, il est convenable de les placer, non à
découvert sur des tuiles, comme on le fait partout, mais
dans de petites caisses grossièrement faites, et percées de
trous qui n'en permettent l'entrée qu'aux souris et aux
rats, mais non aux chats, et encore moins aux chiens.

Les taupes,—qui établissent quelquefois leurs galeries et
leurs nids au pied des arbres, leur nuisent beaucoup en
éventant les racines. On les prend avec des piéges de deux
espèces.

L'un est un morceau de bois rond de neuf pouces de
longueur; on le creuse sur environ dix-huit lignes de dia-

mètre intérieur, et sur huit pouces seulement de longueur, laissant à une des extrémités un pouce de bois dans lequel on fait un trou de six lignes. Du côté de la grande ouverture on place une petite fourchette de bois, inclinée par le bas du côté de l'intérieur du tube, et qui joue librement par le haut sur un petit axe en fil de fer. La taupe, en cheminant, soulève la petite fourchette; quand elle est entrée, la fourchette retombe, et la taupe est prise.

L'autre piége est une pince en fer dont les deux branches, pressées par le haut de la pince qui fait ressort, sont écartées au moyen d'une petite plaque qui ne tient que très-légèrement à l'instrument. La taupe, en dérangeant cette plaque, rend toute son action au ressort dont les deux branches pincent l'animal. Quelque simple que soit cet instrument, il faudrait une figure pour en donner une idée exacte; mais comme il est assez connu, ce serait ici une peine superflue. Je ferai observer seulement que ceux qu'on fait dans notre département, et qui prennent la taupe de quelque côté du trou qu'elle arrive, sont bien préférables à ceux de Paris, qui ne prennent l'animal que d'un côté, et qui exigent souvent qu'on mette deux piéges en sens inverse dans le même trou.

Un moyen plus simple et plus expéditif de détruire les taupes est celui de M. Dalbret. Il consiste à couper des noix en quatre, à les faire bouillir dans de la lessive, et à placer ces noix dans les galeries que les taupes fréquentent, et que les taupiers nomment *passages*. La seule difficulté est de connaître ces *passages* qui sont communs à toutes les taupes d'un même champ et même des champs voisins. Communément leur existence souterraine est indiquée au dehors par de petites taupinières élevées de distance en distance. Pour s'assurer s'ils sont fréquentés, il faut en défoncer une avec le pied, et en marquer la place. Si on s'aperçoit qu'elle soit rétablie, on est certain que le *passage* est bon. Alors on y pratique une ouverture pour y introduire les morceaux de noix. Puis on ferme cette ouverture avec une pierre ou une motte de gazon. Avec ce procédé on est sûr, dit M. Dalbret, d'après l'expérience qu'il en a faite, de détruire toutes les taupes, sans peine, et surtout sans la surveillance assidue qu'exige l'emploi des piéges.

Les courtillières ou *taupes grillons*, — que nos jardiniers appellent écrevisses de fumier, sont un des grands fléaux du jardinage. Il y a plusieurs manières de les détruire.

1° Quand le jardinier voit leur trace à la superficie du terrain, il la suit avec le doigt jusqu'à l'endroit où cette trace, d'horizontale qu'elle était, s'enfonce tout à coup dans le terrain. Dans ce trou perpendiculaire, dont il dégagé l'ouverture, il verse de l'eau dans laquelle il a mis un peu d'huile, n'importe laquelle (une petite cuillerée pour une pleine éguerre d'eau). Trois ou quatre minutes après que l'eau a été versée, on voit la courtillière sortir du trou toute couverte d'huile, et mourir sur le terrain au bout de quelques instants.

La même recette sert pour les couches; quand les courtillières s'en sont emparées, on enlève le terreau et le fumier. Pendant cet enlèvement, les courtillières se retirent dans la terre qui est au fond de la couche. On enlève encore environ un pouce de cette terre du fond, ce qui

18

débouche tous les trous, et forme dans la terre un petit bassin. On y verse une quantité d'eau suffisante pour le remplir. Tous les trous sont inondés, et l'huile qu'on a mise avec l'eau fait sortir et périr les courtillières.

2° On met en terre de grands vases ou des cloches renversées, de manière que leurs bords soient environ à un pouce au-dessous du niveau du terrain. On remplit les vases à moitié d'eau, et non seulement les courtillières, mais encore beaucoup d'autres animaux et insectes y tombent et s'y noient.

3° Le fumier chaud attirant les courtillières, surtout en automne, on place des tas de fumier où elles se retirent, et où il est facile de les détruire.

D'autres prennent des caisses plus ou moins longues, sans fond par le haut, et de quatorze à dix-huit pouces de profondeur, auxquelles ils font de distance en distance, et à un pouce au-dessous du bord, des trous assez grands pour le passage d'une courtillière. Ils enterrent ces caisses à fleur du terrain, les remplissent de fumier nouveau, qu'ils recouvrent d'un pouce de terre. La chaleur attire les courtillières de tout un carré. Huit ou dix jours après, on ferme avec des ardoises, ou autrement, tous les trous. On vide ensuite la caisse avec précaution, en éparpillant la terre et le fumier pour qu'aucune courtillière n'échappe. Ce procédé en détruit beaucoup; et en répétant plusieurs fois l'opération, on s'affranchira presque entièrement de cet animal très-nuisible dans les jardins.

Il y a encore pour le pêcher un grand nombre d'ennemis pour lesquels on ne peut employer que les remèdes généraux de fumigations ou aspersions dont j'ai parlé.

Ceux qui voudraient plus de détails peuvent consulter le chapitre des insectes, dans le *Traité de la culture des arbres fruitiers*, par Forsyth, traduction de Pictet-Mallet.

Parmi ces nombreux ennemis des arbres je nommerai cependant encore un très-petit insecte, *la lisette*, qui resterait presque inaperçu sans les tours perfides qu'elle joue aux jardiniers soigneux. On a vu, dans ce mémoire, qu'on ne pince jamais, et qu'on laisse allonger, tant qu'ils le veulent, les bourgeons qui doivent prolonger les branches de charpente. Pendant que le jardinier soigne ces bourgeons précieux, la lisette, espèce de petit charençon, les coupe, et d'une manière aussi nette que pourrait le faire une serpette. On les éloigne, dit-on, en aspergeant l'extrémité des pousses avec de l'eau dans laquelle on a fait bouillir des feuilles de tabac et du savon noir, et dans laquelle on met encore du tabac en poudre. Mais le bourgeon s'allongeant tous les jours, il faut donc tous les jours aussi renouveler l'aspersion, ce qui est assez difficile. Malheureusement quand on s'aperçoit de la présence de l'insecte le mal est fait.

FIN DE LA DEUXIÈME PARTIE.

TROISIÈME PARTIE.

CHAPITRE UNIQUE.

Nomenclature, description et choix des diverses espèces de pêcher.

Les variétés de pêcher, qui sont très-nombreuses, sont toutes comprises dans la classification suivante :

Première classe. Fruits dont la peau est duveteuse et dont la chair quitte le noyau. C'est la classe la plus nombreuse, et celle dans laquelle il faut ranger presque toutes les pêches cultivées dans le nord et le centre de la France.

Seconde classe. Fruits dont la peau est duveteuse et dont la chair adhère au noyau : ce sont les *pavies*.

Troisième classe. Fruits dont la peau est lisse et dont la chair quitte le noyau. C'est à cette classe qu'appartiennent les pêches violettes.

Quatrième classe. Fruits dont la peau est lisse et dont la chair adhère au noyau : ce sont les *brugnons*.

Placées suivant leur ordre de maturité, les pêches présentent à peu près le tableau suivant, auquel je joins la désignation de celle des quatre classes ci-dessus à laquelle

chaque espèce appartient, et les caractères botaniques
tirés des fleurs et des glandes (1).

Classes.		Fleurs.	Glandes.
	Mi-juillet.		
1.	Avant-pêche blanche..	Grandes.	Nulles.
	Fin juillet.		
1.	Avant-pêche rouge..	Grandes.	Nulles.
1.	Petite Mignonne.	Petites.	Réniformes.
	Commencement d'août.		
1.	Avant-pêche jaune..	Moyennes.	Globuleuses.
1.	Alberge jaune ou Rossane. . . .	Moyennes.	Globuleuses.
1.	Madeleine blanche.	Grandes.	Nulles.
	Mi-août.		
1.	Pourprée hâtive.	Grandes.	Réniformes.
1.	Belle-Chevreuse. . . . . . . , .	Petites.	Réniformes.
1.	Grosse-Mignonne..	Grandes.	Globuleuses.
	Fin d'août.		
1.	Madelaine de Courson.	Grandes.	Nulles.
1.	Galande, ou Bellegarde, ou Noire de Montreuil.	Petites.	Globuleuses.

(1) Les glandes réniformes présentent une petite cavité dans
leur centre; elles sont régulières, mais plus grandes que les
glandes globuleuses. Le nombre des glandes varie de deux à cinq
ou six sur chaque feuille dans les espèces qui n'ont pas pour caractère d'en être absolument privées. (*M. le comte Lelieur.*)

18 *

Classes.		Fleurs.	Glandes.
	Commencement de septembre.		
1.	Chancelière..............	Grandes.	Réniformes.
1.	Pêche de Malte...........	Grandes.	Nulles.
3.	Petite Violette hâtive.........	Petites.	Réniformes.
2.	Pavie blanc ou de Madeleine. . .	Grandes.	Nulles.
1.	Madeleine à moyennes fleurs.. .	Moyennes.	Nulles.
3.	Grosse violette hâtive.	Petites.	Réniformes.
	Mi-septembre.		
1.	Admirable.	Petites.	Globuleuses.
1.	Bourdine.	Petites.	Globuleuses.
	Fin septembre.		
4.	Brugnon violet *musqué*..	Grandes.	Réniformes.
1.	Téton de Vénus..........	Petites.	Globuleuses.
1.	Chevreuse tardive.	Petites.	Réniformes.
1.	Nivette veloutée.	Petites.	. . . . . .
1.	Madeleine tardive..	Petites.	Nulles.
	Commencement d'octobre.		
1.	Pourprée tardive.	Petites.	Réniformes.
1.	Persique.	Petites.	Réniformes.
2.	Pavie rouge ou de Pomponne. .	Grandes.	Réniformes.
	Mi-octobre.		
1.	Admirable jaune ou abricotée. .	Grandes.	Nulles.
3.	Jaune lisse............	Moyennes.	. . . . . .

Cette liste, déjà bien longue, malgré le retranchement

que j'y ai fait d'espèces peu cultivées ou abandonnées depuis longtemps, se grossira sans doute encore beaucoup des variétés nouvelles que l'on acquiert journellement (1). Mais telle qu'elle est, elle excède encore de beaucoup les besoins de nos jardins ordinaires. D'une part, l'étendue de nos espaliers, aux bonnes expositions qu'exige le

---

(1) Jusqu'ici pour obtenir des espèces nouvelles et améliorées de fruits soit à pépin, soit à noyau, on s'était borné à semer des pépins ou noyaux pris constamment sur les mêmes arbres. Les semis, quelque multipliés qu'ils fussent, ne présentaient jamais qu'un même degré de génération, et les résultats ne donnaient que des fruits à demi sauvages et bien inférieurs à ceux de l'arbre sur lequel on prenait continuellement la semence.

Dans ces derniers temps, des horticulteurs de la Belgique, plus soigneux et surtout plus patients, ont semé les graines provenant des arbres que le premier semis avait produites. Le second semis a fourni une seconde génération. Les graines (pépins ou noyaux) qui en sont provenues, ont encore été semées et ont fourni une troisième génération. En prenant toujours ces graines sur les arbres de nouvelle création, ces cultivateurs sont arrivés à un grand nombre de générations dont les résultats n'ont plus présenté, soit pour les fruits à pépin, soit pour ceux à noyau, que des espèces excellentes. M. Van Mons, de la Belgique, s'est livré à cet égard à une suite de travaux et d'expériences qui, probablement, ont absorbé sa vie tout entière, mais dont les résultats ont été que tous les fruits sont bons pour le pommier à la cinquième génération, pour le poirier à la sixième, et pour le pêcher à la troisième.

Si toutes les variétés de M. Van Mons se répandent en France, comme il y a lieu de le croire, si quelques autres cultivateurs encore se livrent au même travail de persévérance, les bonnes espèces de fruits se multiplieront tellement qu'on n'aura plus que l'embarras d'approprier les espèces au climat et à la nature du terrain dans lesquels on voudra les cultiver.

pêcher, est communément très-circonscrite. D'un autre côté, si la plantation a été faite avec les soins convenables, les arbres garniront chacun sur les murs une longueur d'une vingtaine de pieds au moins. Enfin, le gouvernement du pêcher prend un temps considérable au jardinier. Ce serait donc une folie de multiplier outre mesure les pêchers dans un jardin, et une douzaine d'arbres bien soignés, suffira certainement aux désirs d'un propriétaire ordinaire, sous le point de vue de la consommation, comme sous le point de vue de la dépense.

Quant au choix qu'il convient de faire, le premier objet qu'il faut se proposer c'est d'avoir une succession non interrompue de pêches, pendant tout le cours de la saison; mais ici je ferai observer que la pêche est d'autant plus agréable, qu'elle est mangée par un temps plus chaud; que, d'un autre côté, dans le mois d'octobre, les jardins offrent des fruits à pépins, que leur parfaite maturité et leur bonne qualité rendent bien préférables aux pêches tardives que les pluies et les froids de l'arrière saison ne laissent pas toujours mûrir complètement. Il faut donc, dans le choix qu'on fait, que les pêches de la première saison dominent plus que celles de la dernière.

Je ne conseillerai pas de remonter au delà de la *Petite-Mignonne*. Les *Avant-Pêches*, qui sont plus précoces qu'elle, sont des fruits très-petits, à gros noyau, et dont la chair est d'un faible mérite. De pareils fruits ne valent pas la place qu'ils occupent sur un mur d'espalier; et si l'on tenait à avoir des fruits à noyau dès la mi-juillet, je croirais plus sage de consacrer cette place à *l'abricot commun*, qui, quoique inférieur en espalier à ce qu'il est en

plein vent, reste encore bien supérieur aux *Avant-Pêches*,
et mûrit aussitôt qu'elles.

Les motifs du choix pour les jardiniers spéculateurs ne
sont pas les mêmes que pour les propriétaires consommateurs. Les premiers sont tenus de se conformer au goût
du public, et comme le volume et la couleur sont les
qualités qu'il apprécie le plus au moment de l'achat, ces
jardiniers sont obligés de rejeter de leur choix certaines
espèces fines et délicates recherchées avec raison par les
amateurs, mais qui sont d'un trop petit volume pour être
d'un débit avantageux; ainsi la *Petite-Mignonne*, la *Pêche
de Malte*, les *Violettes*, qui figurent parmi nos meilleures
pêches, ne se trouvent jamais sur les murs où l'on cultive
le pêcher par spéculation. En général, les spéculateurs
s'attachent et doivent s'attacher aux espèces bien colorées,
à celles qui produisent beaucoup, qui produisent tous les
ans, et qui sont moins sujettes aux intempéries de l'air.
Les jardiniers de nos départements ne peuvent sans doute
rien faire de mieux que d'imiter ici ceux de Montreuil
qui, dans leur culture, donnent la préférence aux quatre
espèces suivantes : la *Grosse-Mignonne*, la *Madelaine à
moyenne fleur*, la *Bourdine* et la *Chevreuse tardive*.

Quant au choix des propriétaires, la liste générale ci-
dessus donne une grande latitude; mais il est sage, je
crois, de ne s'attacher qu'aux meilleures espèces; et si
l'on me demande à cet égard mon avis, j'indiquerai la
Petite-Mignonne, la *Pourprée hâtive*, la *Grosse-Mignonne*,
la *Galande* ou *Belle-Garde*, la *Pêche de Malte*, la *Madelaine à moyenne fleur*, l'*Admirable*, la *Bourdine*, le
Téton de Vénus et la *Persique*.

Ce choix donnera, je crois, tout ce qu'il y a de mieux pendant tout le temps que durent les pêches. Au surplus, quel que soit celui que l'on fera, et le nombre des places dont on peut disposer, il faut, comme je l'ai dit, avoir soin qu'il s'y trouve toujours des pêches de toutes les saisons, et que celles de la première y soient toujours en plus grand nombre. Le tableau que je joins à la fin du présent chapitre, et qui indique un choix de pêchers à planter pour divers nombres de places disponibles pourra être utile à quelques propriétaires qui sont encore peu familiarisés avec les noms et les qualités des diverses variétés de pêches; mais pour aider à reconnaître ces espèces diverses et faciliter à chacun les moyens de faire son choix suivant son goût ou son terrain, je vais ajouter ici des notes sur les principales variétés connues, et sur leurs caractères de végétation.

PETITE MIGNONNE.

Fleurs très-petites, peu colorées.

Glandes réniformes.

Feuilles menues et blondes, lisses, quelquefois un peu froncées auprès de l'arête, plus larges près du pédicule que vers l'autre extrémité qui se termine en pointe très-aiguë.

Fruits petits, mais une fois plus gros que celui de *l'Avant-Pêche rouge*, ronds, divisés dans leur longueur par une gouttière peu profonde; la queue placée dans une cavité profonde et assez large; la tête terminée par un petit mamelon ou appendice pointu.

La peau fine, chargée d'un duvet délié, teinte d'un beau rouge du côté du soleil, et du côté de l'ombre d'un blanc jaunâtre tiqueté de rouge.

La chair ferme, fine, blanche même auprès du noyau où l'on aperçoit rarement quelques veines rouges.

L'eau abondante, sucrée, vineuse et aussi bonne que dans nos meilleures pêches.

Le noyau petit se détache difficilement de la chair.

Cette espèce est aussi fertile que l'*Avant-Pêche rouge;* mais plus vigoureuse et plus à bois. Elle mûrit à la fin de juillet. C'est, dans l'ordre de la maturité, la première de nos pêches fines, et cette circonstance la fait admettre dans les jardins malgré sa petitesse.

POURPRÉE HATIVE.

Fleurs grandes, d'un rouge vif, et s'ouvrant bien.

Glandes réniformes.

Fruit gros, jusqu'à trente lignes de diamètre, divisé, suivant sa hauteur, par un sillon large et profond.

Peau veloutée, d'un beau rouge très-foncé du côté du soleil, tiquetée de rouge vif de l'autre.

Chair fine, très-fondante, d'un rouge très-vif auprès du noyau, blanche ailleurs.

Eau abondante et d'un goût excellent.

C'est un des pêchers les plus vigoureux. L'époque de sa maturité le rend précieux, quoiqu'on lui reproche, dans quelques localités, d'être sujet au *blanc* à l'exposition du levant, et dans certaines années de donner des fruits à chair pâteuse.

La *Pourprée hâtive* mûrit vers la mi-août, après la petite-Mignonne, et avant la grosse.

GROSSE MIGNONNE.

Fleurs grandes, d'un rouge vif.

Glandes globuleuses.

Yeux rapprochés, souvent triples.

Bourgeons, ne répondent pas à la vigueur de l'arbre, sont menus et fort rouges du côté du soleil.

Fruit gros, arrondi, divisé en deux hémisphères par une gouttière profonde, peu large et serrée par le bas, ayant quelquefois un de ses bords plus relevé que l'autre. A la tête du fruit est un petit enfoncement au milieu duquel on aperçoit les restes du pistil, qui y forment un trè.-petit mamelon.

Peau couverte d'un duvet très-fin, d'un beau rouge foncé du côté du soleil, et du côté de l'ombre d'un vert clair tirant sur le jaune. Avec une loupe on voit ce côté presque partout tiqueté de rouge.

Chair fine, fondante, blanche, excepté sous la peau du côté du soleil, ayant des traits rouges autour du noyau.

Eau sucrée, vineuse, et relevée d'un petit goût acide qui devient aigrelet dans les terrains froids.

Noyau petit, et se détachant aisément de la chair.

Époque de la maturité, mi-août.

La *Grosse-Mignonne* est une de nos meilleures pêches, et ce qui lui assure une place sur tous les espaliers, c'est qu'elle réussit et mûrit dans tous les terrains, à toutes les expositions, et qu'elle est bonne partout, mérite que n'ont pas toutes les pêches. Du reste, l'arbre est très-fertile et très-vigoureux.

MADELAINE ROUGE OU DE COURSON.

Fleurs grandes, bien colorées.

Glandes nulles. L'absence des glandes existe pour toutes les *Madelaines ;* la *Madelaine blanche,* celle *à moyennes fleurs,* la *Madelaine tardive,* la *Pêche de Malte,* et même le *Pavie Madelaine.*

Fruit gros, moins que celui de la grosse Mignonne, arrondi, souvent un peu aplati du côté de la queue.

Chair blanche, veinée de rouge auprès du noyau.

Eau abondante, sucrée, vineuse.

Peau d'un beau rouge du côté du soleil.

Noyau petit et comme veiné de rouge.

Époque de maturité, fin d'août.

La Madelaine rouge, qui est une fort bonne pêche, serait plus recherchée si l'époque de sa maturité ne la plaçait entre la grosse Mignonne et la Galande. Ces deux voisines lui font tort. L'arbre est vigoureux, et demande, dans les bons terrains, à n'être pas taillé court. Il donne beaucoup de bois et peu de fruit, quoiqu'il ne soit pas sujet à couler comme celui de la Madelaine blanche.

PÊCHE DE MALTE, OU BELLE DE PARIS, VARIÉTÉ DE LA MADELAINE BLANCHE.

Fleurs grandes, d'un rouge pâle.

Glandes nulles.

Bourgeons à moëlle brune.

19

Fruit petit, assez rond, aplati de la tête à la queue.

Peau moins colorée que dans les espèces ci-dessus; cependant prend du rouge du côté du soleil, et se marbre ordinairement de rouge plus foncé.

Chair blanche et fine.

Noyau petit, renflé du côté de la pointe.

Eau sucrée et très-agréable.

Époque de maturité, commencement de septembre.

Suivant Labretonnerie, la *Pêche de Malte* est estimée dans le climat froid de la Normandie, comme étant celle qui y réussit le mieux. Par la même raison, elle devrait réussir dans toutes les terres froides. Cependant elle n'est pas fort commune dans les environs de Paris. Malgré cela beaucoup d'amateurs lui assignent un rang distingué parmi nos bonnes pêches.

MADELAINE A MOYENNES FLEURS.

Connue jadis sous le nom de Madelaine à petites fleurs, a les mêmes caractères que la *Madelaine rouge* ou *de Courson,* excepté que *les fleurs* sont de moyenne grandeur, que *les fruits* sont un peu moins gros, plus tardifs, meilleurs, plus vineux et plus colorés. Mais s'ils sont plus petits, c'est parce que l'arbre, qui est très-fertile, exige que les fruits soient éclaircis. Quand cette précaution n'est pas négligée, il donne des pêches aussi grosses que celles de la *Grosse Mignonne.*

L'époque de sa maturité, qui est après celle de la Madelaine de Courson, la fait préférer à cette dernière; et comme l'arbre ne manque presque jamais de donner, il réunit à peu près toutes les qualités qui peuvent plaire, soit aux jardiniers spéculateurs, soit aux propriétaires consommateurs.

GALANDE, OU BELLEGARDE, OU NOIRE DE MONTREUIL.

Fleurs très-petites, pâles.

Glandes globuleuses.

Fruit gros, rond, avec une gouttière peu sensible.

Peau d'un pourpre très-foncé, presque noir du côté du soleil, très-adhérente à la chair, et couverte d'un duvet très-fin.

Chair fine, ferme, et d'un rouge vif auprès du noyau.

Eau fort estimée par son parfum et son sucre acidulé.

Noyau de médiocre grosseur, aplati, longuet, et terminé par une pointe.

Cette espèce est vigoureuse, fertile, une des moins sensibles à la gelée, et dont les fruits se gâtent le moins à la pluie; mais elle est sujette à la cloque, et il paraît que c'est le motif qui l'a fait abandonner à Montreuil, où elle avait pris son nom de *Noire de Montreuil*. La tendance qu'a le fruit à prendre une couleur rembrunie dispense de le découvrir autant que les autres espèces.

LES CHEVREUSES.

Les Chevreuses sont des espèces vigoureuses et fertiles. Les fruits en sont beaux et bons, souvent chargés de petites bosses ou verrues; mais on leur reproche d'être sur l'espalier sujets à avoir la chair pâteuse. Toutes les

variétés ont les *glandes* réniformes, les *fleurs* petites,
excepté la *Chancelière* qui les a grandes. La *Chevreuse
hâtive* ou *Belle Chevreuse* a l'inconvénient de mûrir à la
même époque que la *Grosse Mignonne*, ce qui l'exclue de
beaucoup de jardins. La *Chancelière*, qui mûrit un peu
plus tard, et qui est meilleure aussi, est plus cultivée.
Quant à la *Chevreuse tardive pourprée*, l'époque de sa
maturité qui est du 15 au 20 septembre, son extrême
fécondité, et le mérite qu'elle a de bien réussir aux trois
expositions, la font rechercher avec raison dans tous les
jardins où le fruit est destiné à la vente. Malheureusement
les pépiniéristes ont obtenu de semis des variétés très-
tardives; et qui ne mûrissent pas toujours dans l'arrière
saison. La grande fécondité de cette espèce impose l'obli-
gation de la décharger de la surabondance de fruits qu'elle
produit.

LES VIOLETTES.

La grosse et la petite ont les *fleurs* petites et les
glandes réniformes. Le *fruit* est petit, celui de la *Petite
Violette* est de la grosseur de la *Petite Mignonne*, celui
de la grosse a le double en grosseur. Dans les deux, la
peau est comme celle des prunes, lisse et sans duvet,
d'un rouge violet du côté du soleil, d'un blanc jaunâtre
du côté de l'ombre, épaisse et adhérente à la chair qui
quitte le noyau, caractère qui les distingue des *Brugnons*.
La petite mûrit au commencement de septembre, la
grosse quinze jours plus tard.

Decombes n'hésite pas à mettre les *violettes*, malgré
leur petitesse, au-dessus de toutes les autres pêches;

mais leurs bonnes qualités ne se rencontrent pas dans tous les terrains, il leur faut les expositions les plus chaudes, une année convenable, et avec toutes ces circonstances il faut, pour les manger bonnes, les laisser, pour ainsi dire, faner sur l'arbre et faire leur eau dans la fruiterie pendant quelques jours. Dans les deux espèces l'arbre est très-fertile; mais il est plus vigoureux dans la grosse que dans la petite.

ADMIRABLE.

Fleurs de moyenne grandeur, de couleur rouge pâle.

Glandes globuleuses.

Fruit très-gros, bien arrondi, divisé d'un côté par une gouttière peu profonde, et terminé à la tête par un petit mamelon qui souvent n'excède pas la grosseur d'une tête d'épingle.

La *peau* se colore de pourpre du côté du soleil, et se détache facilement.

La *chair* est ferme, fine, fondante, blanche, excepté autour du noyau où elle est d'un rouge pâle.

Son *eau* est douce, sucrée, d'un goût vineux, fin et relevé, son noyau est petit, son *époque de maturité* est la mi-septembre; cette pêche n'est pas sujette à être pâteuse; quoique meilleure aux bonnes expositions, elle réussit à toutes. Sa grosseur, sa beauté et sa bonté lui ont valu le nom d'*admirable* qu'elle mérite; cependant elle a deux défauts qui la font exclure de beaucoup de jardins : le premier c'est que si elle donne de plus beaux fruits que d'autres espèces, elle en donne moins; le second, qu'elle est sujette à la cloque.

BOURDINE.

Fleurs petites, d'un rose pâle, presque couleur de chair et liserées d'un rouge vif.

Glandes globuleuses.

Fruit gros, rarement mamelonné, a une gouttière large et bien prononcée bordée d'un côté d'une lèvre saillante.

La *peau*, qui se détache facilement de la chair, a peu de duvet et se colore au soleil d'un pourpre souvent foncé.

La *chair*, blanche, est très-rouge autour du noyau. Elle est fine et fondante.

L'eau en est sucrée et vineuse.

Le *noyau* petit.

Époque de maturité, la mi-septembre.

L'arbre est vigoureux et fertile.

Cette pêche, appelée originairement *Boudine,* du nom de *Boudin,* ancien jardinier de Montreuil, mérite par ses bonnes qualités d'occuper, dans l'arrière saison, la place que la *Grosse Mignonne* occupe dans la première.

TÉTON DE VÉNUS.

Ainsi que la *Royale,* le *Téton de Vénus* a les mêmes caractères de végétation que la *Bourdine,* mêmes glandes, mêmes fleurs, formes, grosseurs et couleurs; le mamelon qui a donné le nom au *Téton de Vénus* n'est qu'accidentel dans les trois espèces, ne vient pas tous les ans, ni à toutes les pêches d'un même arbre; aussi Butret, qui fait cette observation, soutient-il que ces trois prétendues espèces n'en font qu'une; mais sur cette difficulté, M. le comte Lelieur fait remarquer que le noyau de la *Bourdine* est petit, tandis que celui du *Téton de Vénus* est très-gros. Il est donc incontestable que le *Téton de Vénus* est une variété distincte de la *Bourdine*.

Quant à la *Royale*, à laquelle des deux variétés appartient-elle? Je l'ignore. Dans le doute, je citerai ce que raconte Labretonnerie à l'occasion de la *Bourdine* : « Cette « pêche, dit-il, n'était pas connue, quand le nommé « *Boudin* la présenta à Louis XIV; transportée dans ses « potagers, ce prince en fit tant de cas qu'on la nomma « la *Royale*. »

Au reste le *Téton de Vénus* est une excellente pêche qui a dans les terrains chauds et légers une finesse de goût et un parfum qui la rendent très-agréable; son noyau est terminé par une pointe aplatie et très-aiguë, elle mûrit vers la fin de septembre.

PERSIQUE.

Fleurs petites, d'un rouge pâle.

Feuilles larges, longues, épaisses, raboteuses, un peu froncées vers l'arête, et relevées de bosses.

Glandes réniformes.

Fruit gros, allongé, mal arrondi, garni de côtes, parsemé de petites bosses; à la queue il y en a une plus remarquable qui semble une excroissance.

La peau d'un beau rouge du côté du soleil.

La chair ferme et néanmoins succulente, blanche et rouge clair auprès du noyau.

L'eau est d'un goût fin et relevé.

Le noyau est assez gros, long, aplati sur les côtés, et terminé par une longue pointe; quelquefois il s'ouvre dans le fruit.

Époque de maturité, commencement d'octobre.

C'est la dernière des bonnes pêches à cultiver. Encore n'acquiert-elle pas toujours son entière maturité dans tous les terrains et dans toutes les années. Aussi exige-t-elle une exposition chaude.

L'arbre est vigoureux et donne beaucoup de fruit.

LES PAVIES.

Les Pavies ont la peau duveteuse et la chair adhérente au noyau; ce sont des fruits du midi, qui acquièrent bien rarement dans nos contrées le degré de bonté qui leur est propre. On cultive quelquefois le *Pavie rouge* ou *de Pomponne;* mais principalement à raison de la grosseur monstrueuse du fruit qui a quatorze pouces de circonférence, et par conséquent comme objet de curiosité. Quelle que soit l'époque de maturité des diverses espèces de Pavies, nos espaliers seront plus utilement occupés par les pêches propres à notre climat et avec lesquelles nous ne devons pas regretter les pêches du midi.

TABLEAU d'un choix d'espèces pour 1 à 12 places disponibles.

PÊCHERS A PLANTER.	NOMBRE DE PLACES DISPONIBLES.											
	1	2	3	4	5	6	7	8	9	10	11	12
Petite Mignonne						1	1	1	1	1	1	1
Pourprée Hâtive		1	1	1	1	1	1	1	1	1	1	2
Grosse Mignonne	1	1	1	1	1	1	1	1	1	1	2	2
Galande			1	1	1	1	1	1	1	1	1	1
Pêche de Malte					1	1	1	1	1	1	1	1
Madelaine à moy. fleurs								1	1	1	1	1
Admirable				1	1	1	1	1	1	1	1	1
Bourdine									1	1	1	1
Téton de Vénus							1	1	1	1	1	1
Persique										1	1	1

TABLE DES MATIÈRES.

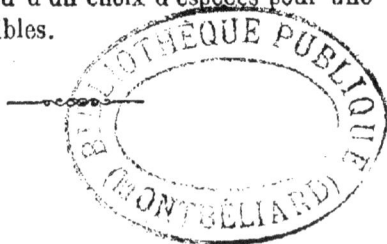

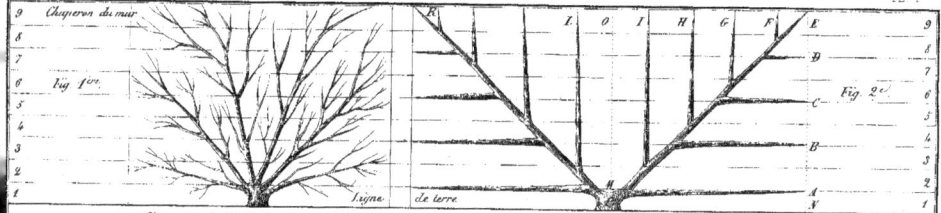

Forme en éventail de Laquintinie. Forme en V ouvert de Montreuil.

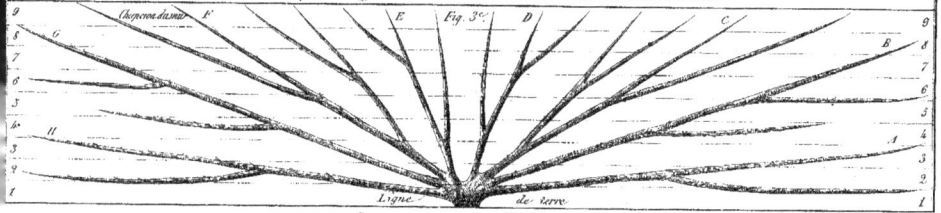

Forme en éventail de Mʳ Dumoutier.

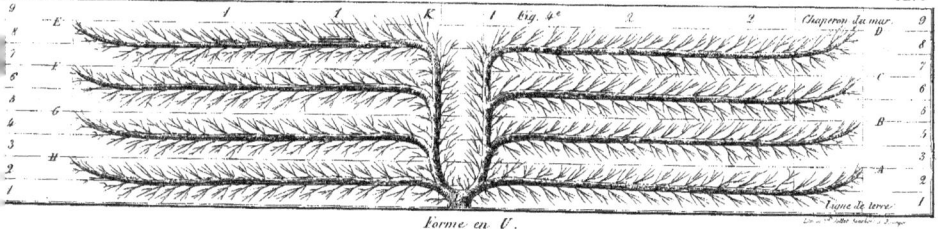

Forme en U.

Echelle des Planches 1.ᵉʳ 3.ᵈ et 4.ᵉ

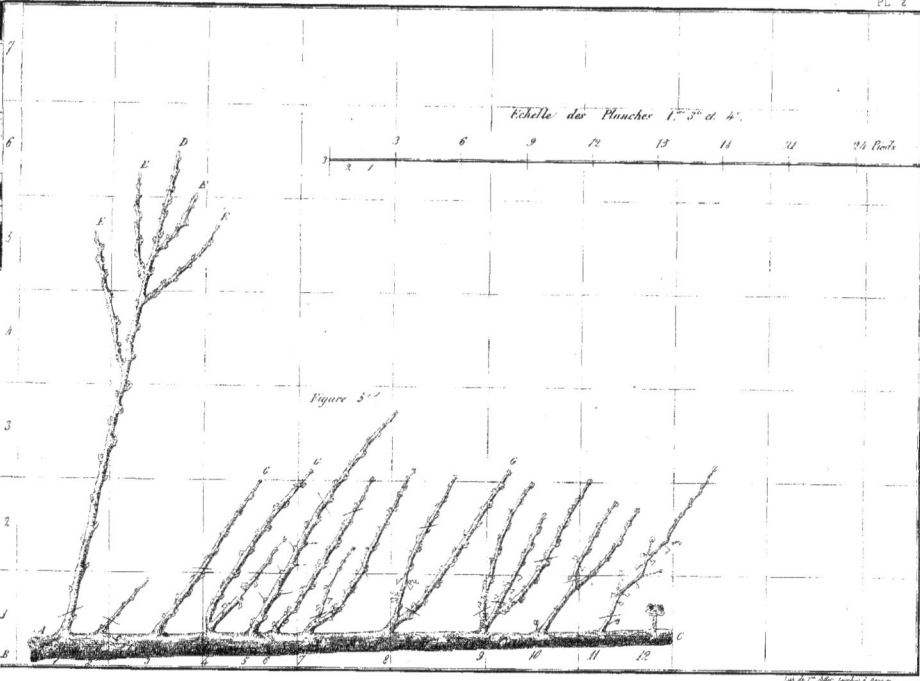

Figure 5.ᵉ

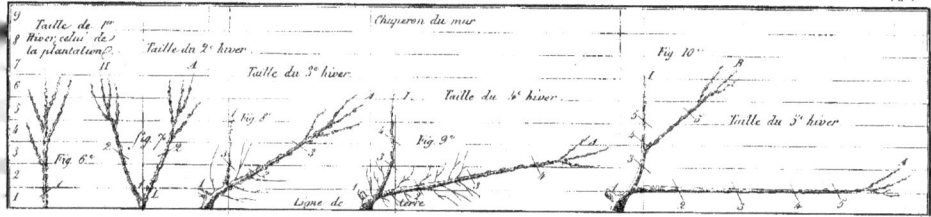

Taille de 1ᵉʳ Hiver, celui de la plantation.
Taille du 2.ᵉ hiver.
Taille du 3.ᵉ hiver.
Taille du 4.ᵉ hiver.
Fig. 6.ᵉ
Fig. 7.ᵉ
Fig. 8.ᵉ
Fig. 9.ᵉ
Chaperon du mur
Fig. 10.ᵉ
Taille du 5.ᵉ hiver.
Ligne de terre.

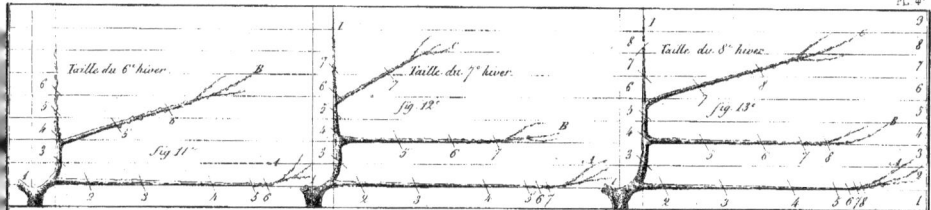

Taille du 6.ᵉ hiver.
Fig. 11.ᵉ
Taille du 7.ᵉ hiver.
fig. 12.ᵉ
Taille du 8.ᵉ hiver.
fig. 13.ᵉ

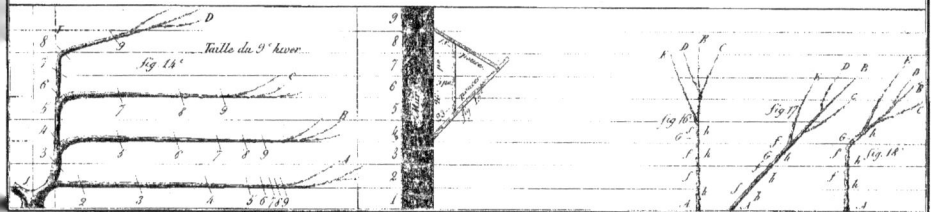

Taille du 9.ᵉ hiver.
Fig. 14.ᵉ
fig. 16.ᵉ
fig. 17.
fig. 18.

                                           13 75

www.ingramcontent.com/pod-product-compliance
Lightning Source LLC
Chambersburg PA
CBHW071647200326
41519CB00012BA/2434